KB096060

세상 모든
화학
이야기

CHUGAKUSEI NIMOWAKARU KAGAKUSHI by Takeo Samaki

Illustrated by Makoto Yano

Copyright © Takeo Samaki, 2019

Original Japanese edition published by Chikumashobo Ltd.

Korean translation copyright © 2024 by Chung-A Publishing Co.

This Korean edition published by arrangement with Chikumashobo Ltd., Tokyo, through

Tuttle-Mori Agency, Inc. and YU RI JANG AGENCY

세상 모든
화학
이야기

시마키 다케오 지음
윤재 옮김

우리 생활을 바꾼
화학의 발전,
재밌는 **화학사**
읽어 보기

청아출판사

| 차례 |

책을 시작하며 ─독자 여러분께 08

1

불의 조종, 토기 제작, 금속 이용

불을 조종하는 동물, 인간 15
가마의 발명 20
금속의 이용 22

2

고대 그리스 철학자는 생각했다

고대 그리스에 철학자 등장 31
'만물의 근원은 물'이라고 주장한 탈레스 34
탈레스설을 확인한 얀 밥티스타 판 헬몬트의 실험 36
물, 불, 공기, 흙 4원소로 이루어졌다 38
원자론자 데모크리토스 "원자와 공허로 이루어졌다" 39
원자설을 싫어했던 다채로운 천재 아리스토텔레스 43

3

연금술의 뿌리와 발전과 쇠퇴

알렉산드리아의 연금술 49
이슬람 세계에서 발전한 연금술 52
아라비아의 연금술사 자비르 이븐 하이얀 54

연금술 도구 59
현자의 돌 만들기에 몰두했던 르네상스기 62
의화학의 선구자 파라셀수스 64
뉴턴은 마지막 마술사? 66
연금술사의 생활 71

4

진공과 기체의 발견

진공의 발견 77
토리첼리 실험 재현하기 79
파스칼과 게리케의 진공 및 압력 연구 81
가스에 이름을 붙여 준 얀 밥티스타 판 헬몬트 84
근대 화학의 시조 보일의 미립자론 86
연소는 플로지스톤이 날아가는 일? 88
이산화 탄소와 산소의 발견 90
인간을 혐오한 캐번디시 93
괴짜 화학자의 위대한 공적 95

5

라부아지에의 화학 혁명과 돌턴의 원자설

플로지스톤설을 쓰러트린 라부아지에의 화학 혁명 101
플로지스톤설을 추방한 연소 이론의 확립 103
원소의 정의와 체계적인 명명 105
라부아지에가 단두대에 오른 이유 107
라부아지에의 화학 혁명을 이어 간 돌턴 108
기상 연구에서 원자설로 109
원자량을 구하다 112
프루스트와 베르톨레의 논쟁 115
원자량 발표 당시의 반응과 현대 과학에 세운 공로 116

아보가드로의 법칙과 분자의 개념 118
현재의 원소 기호를 고안한 베르셀리우스 120
베르셀리우스의 전기 화학적 이원론 122
돌턴의 색각 연구 123
현재의 원자량 124
산의 정체는 수소 이온 125

6

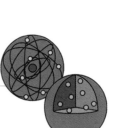

새로운 원소 발견과 주기율표의 예언

험프리 데이비가 발견한 일곱 가지 원소 131
패러데이를 발굴한 데이비 132
패러데이의 대활약과 데이비의 질투 135
근대 전기 화학의 기초 137
발견 당시에는 금보다 비쌌던 알루미늄 139
분광기로 스펙트럼선을 비추면 나타나는 원소의 모습 141
원소를 정리하려는 시도 143
비활성 기체 원소의 발견 146
현재의 주기율표 148
금속 원소인 홑원소 물질의 특징 152
무기물로 인공적인 유기물을 만들다니! 153
유기 화학의 성립 155
'생명의 작용'과는 거리가 먼 유기물 159
하버의 암모니아 합성 161
나일론의 발명 163

7

인공 원소는 현대의 연금술일까?

엑스선과 우라늄 화합물에서 나오는 방사선의 발견 171
방사능 연구의 어머니 마리 퀴리 173

퀴리가의 영광과 비극 176
아인슈타인의 '기적의 해' 논문들과 원자설 178
원자의 내부 구조를 밝혀내다 181
현재의 원자 모형과 동위 원소의 정의 186
안정 동위 원소와 방사성 동위 원소 188
방사능, 방사성 물질, 방사선 190
화학 반응 에너지와 비교해 현저히 큰 핵에너지 193
태양의 에너지원 196
인공 원소를 만드는 시도 198

8

노벨상과 현대 화학 기술

다이너마이트와 노벨 205
노벨 평화상을 유언에 남긴 진짜 의도 207
광촉매의 발견과 응용 208
풀러렌과 탄소 나노 튜브의 발견 211
탄소 나노 튜브의 가능성 215
네오디뮴 자석의 발견 216
리튬 이온 전지의 발명 220

책을 마무리하며 224

참고 문헌 226

일러두기 본문 각주는 옮긴이가 이해를 돕고자 추가한 것입니다.

독자 여러분께

제가 이 책을 쓴 데는 이유가 있습니다. 바로 화학의 역사가 재미있다는 것을 독자 여러분께 꼭 알리고 싶었기 때문입니다.

그래서 이 책에는 화학식도 최소한으로, 꼭 필요한 것만 넣고자 노력했습니다. 학창 시절 과학과 수학에 약했던 독자도 재미있게 읽을 수 있도록 쉽게 설명하고자 노력하며 집필했습니다.

화학은 인류가 불을 이용하기 시작한 순간부터 본격적으로 시작됐습니다. 인간은 화학을 통해서 다양한 물질이 어떠한 성질을 가지며 무엇으로 이루어져 있는지, 또한 자연계에 존재하는 물질은 물론, 존재하지 않는 물질은 어떻게 합성할 수 있을지 등을 탐구해 왔습니다.

화학은 한마디로 이야기하면 물질을 대상으로 하는 자연 과학의 한 분야입니다. 특히 물질의 구조와 성질 및 화학 반응, 이렇게 세 가지를 탐구하지요. 화학의 연구 대상인 이 세 가지는 서로서로 관계를 맺고 있는데, 화학자들은 우선 구조와 성질을 탐구한 다음에 그 연구 결과를 바탕으로 새로운 물질을 만들어 냅니다.

화학의 발전과 더불어 지금도 계속해서 새로운 물질이 만들어지고 있습니다. 하지만 그 물질 대부분은 우리 인체에 미치는 독성이나 환경에 미치는 영향에 관한 데이터가 충분하지 않을 수 있습니다. 화학이 만들어 낸 다종다양한 물질의 유용함에만 눈길을 빼앗긴다면 돌이킬 수 없는 환경 오염을 불러일으킬 수도 있죠. 따라서 이런 점에 주의하며 현명하게 사용할 필요가 있습니다.

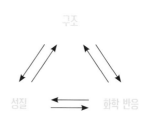

우리는 화학 연구와 화학 공업으로 얻어 낸 수많은 물질을 생활에 사용하고 있습니다. 금속, 세라믹, 나일론과 같은 합성 섬유, 폴리에틸렌과 같은 플라스틱류 등은 생활을 더욱 편리하게 합니다.

우리가 이러한 물질을 만들 수 있는 고도의 기술을 가지게 된 바탕에는 물질의 성질과 구조, 반응을 연구하는 화학의 꾸준한 발전이 있었습니다.

현재는 화학 연구의 성과를 살린 고성능 전지, 대단히 강한 섬유, 고순도 파인 세라믹스 등 새로운 물질과 제품이 잇따라 개발되어 우리 생활을 한결 풍요롭게 합니다.

제 전공은 초등학교, 중학교, 고등학교 기초 과학 교육입니다. 중고등학교 과학 교사로 오래 일해 왔습니다. 교사 시절 중학교에서는 물리, 화학, 생물, 지구 과학 전반을, 고등학교에서는 주로 화학을 가르쳤습니다.

과학 교사로 일하던 시절의 모토는 '가족과 식사 시간에 그날의 수업 이야기로 흥미로운 대화를 나눌 수 있도록 신나는 수업을 하자'였습니다. 수업을 듣고 나서 유용한 지식을 얻어서 뿌듯하다, 새로 배운 사실이 감동적이라서 마음이 풍요로워졌다, 오늘 학습한 내용을 떠올리니 가슴이 설렌다 같은 마음을 가져 주기를 바랐습니다.

그런 과학 교사인 저의 밑바탕에는 과학의 역사를 향한 관심이 깔려 있습니다. 특히 저는 화학의 역사에 관심이 많았습니다. 물질

세계의 수수께끼에 관한 지적 호기심을 가득 품고, 그 수수께끼를 풀고자 애쓴 과학자, 화학자의 모습에 매혹되었지요. 그래서 과학 혹은 화학 교사가 쓴 화학사 책이 있어도 좋겠다고 생각했습니다.

부디 화학사의 큰 흐름을 함께 즐겨 주시기를 바랍니다.

사마키 다케오

1

불의 조종,
토기 제작, 금속 이용

아주 오래전 인간은 화학 반응 중에서 가
장 중요한 연소, 즉 불을 사용하기 시작했
습니다. 그리고 연소의 화학을 익힌 덕분
에 토기와 금속 등을 제작하게 됐죠.
이러한 경험은 인간이 원소를 연구하고
화학 반응에 관한 인식을 가지는 토대가
되었습니다. 이처럼 화학은 인류 문화사
와 견줄 만큼 오랜 역사를 가졌습니다.

물질이 타는 현상, 즉 연소는 인류가 알아낸 가장 오래된, 또 가장 중요한 화학적 변화일 겁니다.

아마도 인류는 화산의 분화 혹은 산속 나무가 낙뢰를 맞아 불타오르는 모습 등 자연에서 일어난 화재를 목격하고 연소 현상을 발견했을 거로 추측합니다. 그 후 나무와 나무를 마찰시키거나 돌과 돌을 부딪쳐 불을 일으키는 방법 따위를 발견했습니다. 불을 알게 된 인류는 난방과 조리, 어둠을 밝히거나 맹수로부터 스스로를 방어하는 데 불을 이용해 왔습니다. 그렇다면 인류가 처음 불을 이용하기 시작한 것은 언제쯤이었을까요?

먼저 인류의 진화를 크게 시대별로 구분해 볼까요?

조기 원인(初期 猿人) → 원인(猿人) → 원인(原人) → 구인(舊人) → 신인(新人)

이렇게 용어를 나열해서 보면 마치 구인에서 신인으로 진화한 것으로 오해하기 쉽지만, 실제로 인류 진화 단계는 이처럼 단계적

◆ 한국의 7차 교육 과정에서는 인류 진화 단계를 다음과 같이 분류한다. 남유인원(오스트랄로피테쿠스) → 손재주 좋은 사람(호모 하빌리스) → 곧선사람(호모 에렉투스) → 슬기 사람(호모 사피엔스) → 슬기 슬기 사람(호모 사피엔스 사피엔스)

약 700만 년 전~
초기 원인 시대

침팬지와 공통 조상
에서 분화된 아프리
카의 초기 원인이
생활 터전인 나무가
무성한 숲에서 직립
이족 보행을 시작.
송곳니는 퇴화했다.

약 400만 년 전~
원인 시대

원인의 생활 터전은
나무가 무성한 숲에
서 초원으로 확대되
었다. 원인 중 일부
는 뇌가 500㎖보다
커지는 등 진화를 거
치며 호모속(屬)이
라는 그룹에 속하게
되었다.

약 200만 년 전~
원인 시대

아프리카에서 원인
탄생. 뇌가 더 커지
면서 지능이 발달하
기 시작했다. 본격
적으로 도구를 만들
면서 초반에는 고기
를 먹기 위해 죽은
동물을 찾아다녔고,
후에는 적극적으로
사냥에 나섰다.

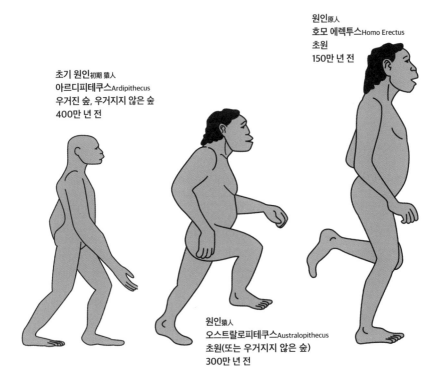

원인原人
호모 에렉투스Homo Erectus
초원
150만 년 전

초기 원인初期 猿人
아르디피테쿠스Ardipithecus
우거진 숲, 우거지지 않은 숲
400만 년 전

원인猿人
오스트랄로피테쿠스Australopithecus
초원(또는 우거지지 않은 숲)
300만 년 전

약 60만 년 전~
구인 시대

아프리카에서 구인 탄생. 손, 뇌, 도구의 상호 작용이 진화하고 뇌가 더욱 커졌다. 이 시기에 중대형 동물의 수렵이 발달했다.

약 20만 년 전~
신인 시대(현재까지)

아프리카에서 호모 사피엔스 탄생.

약 6만 년 전~

호모 사피엔스(일부 혼혈)가 아프리카에서 전 세계로 확산.

약 만 년 전~

농경과 목축 시작.

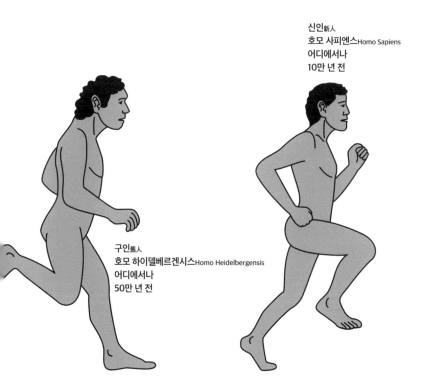

신인新人
호모 사피엔스Homo Sapiens
어디에서나
10만 년 전

구인舊人
호모 하이델베르겐시스Homo Heidelbergensis
어디에서나
50만 년 전

※ 일본 국립 과학박물관 명예 연구원이자 인류학자인 바바 히사오(馬場悠男)의 그림을 참고로 작성

이고 직선적이지 않았습니다. 여러 종류로 갈라져 나온 인류의 영고성쇠가 거듭되며 이루어졌기 때문에 때로는 멸종을 맞이한 종도 여럿 있을 만큼 복잡한 과정이었지요.

아주 오래전까지 거슬러 올라간 연구자들은 케냐와 남아프리카 등지에 있는 약 150만 년 전 유적에서 불에 탄 흔적을 발견하기도 했습니다. 단 이 불이 낙뢰나 화산 분화의 흔적일 가능성도 있겠죠? 그래서 반드시 인류가 불을 사용한 것으로 볼 수 없다는 시각을 가진 연구자들도 있습니다.

기존에는 불을 사용하기 시작한 것이 베이징 원인(호모 에렉투스로 분류)으로 알려져 있었습니다. 베이징 교외의 저우커우뎬周口店 동굴에서 베이징 원인의 뼈와 함께 많은 양의 퇴적된 잿더미가 발견되었기 때문입니다. 그런데 다시 조사해 보니 잿더미로 보이던 것이 사실은 퇴적된 박쥐의 똥 무더기가 아니냐는 의견이 나왔지요.

인간이 불을 사용했던 흔적으로 현재 거의 확실하게 여겨지는 것은 약 79만 년 전 이스라엘 유적입니다. 이곳에서는 불에 탄 많은 석기가 두 군데에 집중돼 있는데, 아마도 당시 인류가 그곳에서 불을 피웠던 것으로 추정합니다.

인간이 불을 사용한 명확한 증거가 많이 남은 것은 구인으로 분류되는 네안데르탈인 시대부터입니다. 그러나 네안데르탈인이 어떻게 불을 피웠는지는 아직 밝혀지지 않았습니다.

인간은 우선 호기심에서 불에 접근했을 겁니다. 불을 가지고 놀

상상도 원시 소년들의 불놀이 모습. 한 소년이 불이 붙은 나뭇가지를 친구 눈앞으로 훅 들이밀자 모두가 놀라 도망치려 하고 있다.

상상도 다 함께 힘을 모아 불을 사용해 무시무시한 육식 동물을 몰아내려 애쓰는 모습.(두 그림 모두 이와키 마사오가 지은 《원시 시대의 불: 복원하며 추리하다(原始時代の火—復原しながら推理する)》에서 모사)

거나 관찰하는 행동을 거듭하던 중에 불의 쓰임새와 힘을 알게 되었고, 일회성 사용부터 시작해서 필요할 때면 언제든 불을 쓸 수 있도록 차근차근 사용 기술을 익혔을 테지요.

특히 화로를 발명함으로써 원할 때 언제든지 불을 쓸 수 있게 되었습니다. 불을 에워싸고 식사를 하거나 단란한 시간을 보내면서 친족이나 타인과의 의사소통도 더욱 밀접해졌을 겁니다.

가마의 발명

세월이 더 흐르고 호모 사피엔스의 시대가 됐습니다. 인간은 불이 점토를 단단하게 만드는 것을 알게 됐고, 불을 이용해 토기를 만들기 시작합니다. 토기의 발명과 함께 음식물의 조리 및 저장 기술이 개선되자 음식의 범위가 한층 확대되었습니다.

초기의 토기는 한뎃가마◆에서 구워졌습니다. 한뎃가마에서 토기가 구워지는 온도는 600~900℃입니다. 일본의 토기 연구가 아라이 시로新井司郎가 연구 실험한 결과에 따르면, 만 년도 전에 만들어진 조몬 토기◆◆도 800℃~950℃에서 구워졌다고 합니다.

◆　선사 시대에 구덩이를 파고 그 안에서 불을 지펴 토기를 굽던 가마로, 노천요라고도 한다. 우리나라 신석기 시대 빗살무늬 토기와 청동기 시대 민무늬 토기의 소성 온도 역시 500~1천℃로 추정된다.

기원전 3,500년경 메소포타미아의 가마 복원도

그러다가 흙과 돌 따위로 주변을 둘러싸서 불과 토기를 분리할 수 있는 가마가 발명되자 가마 내 소성 온도가 훅 올라갔습니다.

서아시아에서 가장 오래됐다고 알려진 가마는 기원전 6천 년경 만들어진 이라크 야림 테페Yarim Tepe의 가마입니다. 기원전 5천 년~기원전 4천 년경 만들어진 것들로는 이란의 수사Susa와 테페 시알크Tepe Sialk, 이라크의 테페 가우라Tepe Gawra와 텔룰 엣살라삿Telul eth-Thalathat의 가마가 있습니다. 이 시대에는 선명한 감청색의

◆◆ 繩文土器, 일본의 선사 시대인 조몬 시대(기원전 1만 3천 년경~기원전 300년경)에 만들어진 고대 토기를 총칭하며, 표면에 꼰무늬를 입힌 특징을 따서 Cord Marked Pottery라고 부른다.

이집트 파이앙스˚가 만들어졌는데, 이것을 만들려면 밀폐된 용기 안에서 950℃로 가열해야 했습니다.

기원전 700년경에는 토기 제조에 돌림판(물레)을 사용하기 시작하면서 흙 반죽을 연속으로 회전시킬 수 있게 되었습니다.

금속의 이용

19세기에 활약한 덴마크 고고학자 크리스티안 위르겐센 톰센 Christian Jürgensen Thomsen은 인류의 문명사를 주로 사용한 도구의 재료에 따라 크게 석기 시대, 청동기 시대, 철기 시대로 나누었습니다. 이 시대 구분은 오늘날에도 쓰이고 있습니다.

고대 사회에서 최초로 사용된 금속은 자연 상태로도 생산됐던 금과 동(구리)입니다. 기원전 3천 년경에는 크레타섬 크노소스 궁전에서 구리가 사용되었고, 기원전 2,500년경 이집트 멤피스 신전에서는 구리로 만든 수도관이 사용되었습니다.

얼마 지나지 않아 인류는 광석을 목탄(숯) 등과 함께 가열해서 금속을 얻는 기술을 획득했습니다. 이것은 본격적으로 생산 기술

◆   Egyptian Faience, 석영 가루 반죽으로 만든 고대 이집트의 도기 예술품. 산뜻한 파란색, 초록색 계열의 안료를 사용한 소품류가 많다.

에 화학 반응을 응용한 사례였습니다.

지구상 금속은 대부분 산소와 황 등으로 이루어진 화합물인 광석 형태로 존재합니다. 이러한 광석에서 금속을 추출하고, 추출한 금속을 정제해서 합금◆◆을 만드는 일을 야금冶金이라고 합니다.

인간이 도구를 만드는 데 사용한 최초의 금속은 금속 형태로 생산된 금, 은, 동이었습니다. 자연계에 존재하는 자연금, 자연은, 자연동 덩어리를 두들겨 모양을 내서 도구를 만들었을 겁니다.

그러다가 야금을 통해 광석에서 금속을 추출하기 시작했습니다. 예컨대 구리는 자연동으로도 존재하지만, 일반적으로는 구리가 함유된 광석에서 추출합니다. 구리가 함유된 광석에서 구리는 산소, 황 등과 결합해 있으므로 광석에서 산소와 황을 제거해야만 구리 금속을 얻을 수 있습니다. 따라서 구리를 추출하려면 광석을 광석 속의 산소, 황 등과 강하게 결합할 물질과 함께 가열해야 합니다.

처음에는 구리가 함유된 광석과 장작(연료로 쓸 가느다란 나뭇가지나 땔나무)을 번갈아 쌓아 올린 다음에 불을 붙여 반응시켰을 겁니다. 그러다가 머지않아 장작 대신에 목탄을 쓰게 되었고, 더 나아가 그것들을 돌을 쌓아 만든 화로 안에서 반응시키게 됐죠.

◆◆ 합금. 성질이 서로 다른 금속들을 하나로 녹여서 새로운 성질의 금속을 만들어 내는 일, 혹은 그렇게 만들어 낸 금속을 말한다.

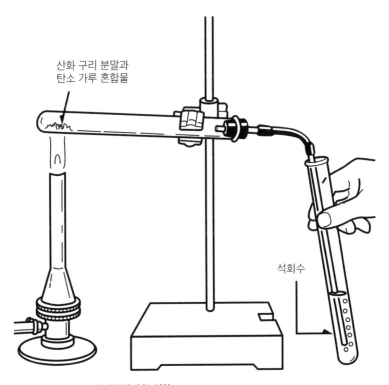

산화 구리 분말과
탄소 가루 혼합물

석회수

〈탄소를 이용한 산화 구리의 환원 반응〉 실험

　이런 산화 환원 반응은 과학 시간에 〈탄소를 이용한 산화 구리의 환원 반응〉에서 배웁니다. 구리와 산소보다 산소와 탄소의 결합이 더 강하기 때문에 산화 구리 속 산소와 탄소가 결합해서 구리만 남게 됩니다.

　이렇게 얻은 구리 조각을 모아서 토기 항아리(도가니)에 넣고, 다시 화로 안에서 풀무로 바람을 뿜어 가며 도가니를 가열하면 구리는 녹아서 액체가 됩니다. 그것을 거푸집에 흘려 넣고 식히면 거푸집 모양의 고체형 구리가 완성됩니다.

청동기 시대의 청동은 구리와 주석의 합금입니다. 구리가 함유된 광석과 주석이 함유된 광석을 함께 써서 구리를 얻는 것과 같은 방법으로 청동을 만들었습니다. 구리의 녹는점은 1,085℃지만, 청동은 900℃보다도 낮은 온도에서 녹일 수 있기 때문에 한뎃가마에서도 녹일 수 있습니다.

구리는 금속 중에서도 무른 편이지만, 주석과 합금해서 청동으로 만들면 한결 단단해집니다. 주석을 넣는 비율에 따라서 강도를 조절할 수 있기 때문이지요. 이렇게 청동은 구리보다 더 단단하고 튼튼하게 만들 수 있어서 농업용 괭이나 가래, 검이나 창과 같은 무기를 만드는 데 사용했습니다. 고대 이집트에서는 기원전 2천 년경부터 청동이 본격적으로 쓰이기 시작했습니다.

철은 어떨까요? 인류는 금속 철로 이루어진 운철(지구로 날아든 운석 중 주성분이 철인 운석)을 이용했습니다. 광물 속 철과 산소 등의 결합은 구리와 산소 등의 결합과 비교해 훨씬 강하기 때문에 철광석에서 철을 추출하기 어려웠기 때문입니다. 하지만 운철은 일일이 찾아다니며 주워서 모으는 수밖에 없었으니 발견할 확률 또한

◆　청동의 녹는점은 주석과 구리의 비율에 따라 달라지는데, 주석의 비율이 높아질수록 청동의 녹는점이 낮아진다.

그야말로 하늘의 별 따기 수준이었습니다.

　이윽고 인류는 숯을 이용해서 철을 광석에서 추출해 정제하는 기술을 손에 넣었습니다. 철과 탄소가 결합한 강철은 청동보다 훨씬 단단하고 강해서 농기구, 무기, 건축 재료 등으로 쓰였습니다.

　역사적으로 가장 먼저 본격적으로 철을 생산한 것은 기원전 히타이트 제국으로 추측합니다. 히타이트는 기원전 17세기경부터 기원전 12세기에 걸쳐서 아나톨리아(현재 튀르키예 영토의 아시아 쪽 부분)에 강대한 제국을 건설했습니다. 이렇게 소아시아 지방에서 번성했던 히타이트 제국은 능수능란하게 다루었던 철과 경전차 등 강력한 무기의 위력을 뽐내며 당시 선진 문명국들을 멸망시키고 더욱 강대국이 되었습니다.

　히타이트는 철 제작법을 엄중히 비밀에 부쳤습니다. 그러나 기원전 1,190년경에 바다 민족Sea Peoples의 습격을 받고 멸망하면서 이 비밀이 주변 민족에게 전해졌고, 나아가 각지로 전해졌습니다.

2

고대 그리스 철학자는 생각했다

기원전 6~7세기, 에게해 동해안 이오니아 지방의 밀레투스 등 그리스 식민 도시에서 '만물은 무엇으로 이루어져 있는가?'를 이론적으로 고찰하는 사람들, 곧 철학자가 처음으로 나타났습니다. 그중에서도 특히 탈레스, 데모크리토스, 아리스토텔레스, 이 세 철학자의 주장에 귀를 기울여 봅시다.

탈레스가 태어난 기원전 624년경부터 아리스토텔레스가 세상을 떠난 기원전 322년까지는 약 300년의 시간차가 있습니다. 이 수백 년 동안 그리스 문명이 꽃피웠죠. 유럽 문명의 시조로 일컬어지는 그들은 어떤 주장을 펼쳤을까요?

탈레스, 데모크리토스, 아리스토텔레스는 이오니아 지방의 식민 도시에서 태어났습니다. 탈레스는 밀레투스, 데모크리토스는 아브데라, 아리스토텔레스는 스타게이라였습니다.

고대의 식민 도시는 하나의 도시가 주변으로 영토를 점점 넓혀 가는 형태가 아닌, 전혀 다른 자리에 새로운 도시 국가가 세워지는 형태였습니다.

이오니아 지방은 에게해에 면해 있는 동시에 흑해로 향하는 경로에 있어, 이곳 식민 도시에서는 상업이 발달했습니다. 기원전 11세기에는 농업에 철기를 사용하면서 생산력이 높아졌고, 기원전 7세기에는 화폐를 사용하면서 상공 계급이 부를 축적했습니다. 이에 따라서 귀족이나 신전 등 지배층에 의존하는 일 없이 독자적으로 사물을 고찰하는 여유가 생기기 시작합니다. 탈레스도 상공 계급 출신이었습니다.

당시 삶은 분명 현대 사회의 상공업자나 회사원만큼 정신없이 바쁘지 않았을 겁니다. 충분한 시간적 여유가 있었겠죠. 그리고 사람은 어딘가에 얽매이지 않은 자유로운 시간이 있으면 좋아하는 일, 즐거운 일을 해야겠다고 생각하게 마련입니다.

고대 그리스 사람에게 좋아하는 일, 즐거운 일이란 무엇이었을까요? 바로 필로소피아φιλοσοφία였습니다. 이 그리스어 단어는 유

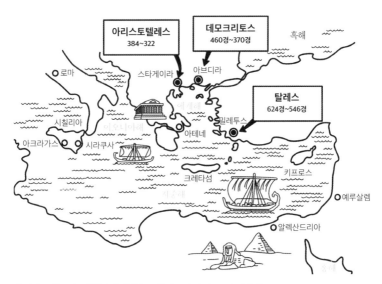

세 명의 고대 그리스 철학자가 태어난 도시(괄호 안 연도는 모두 기원전)

럽에 전해지면서 영어로 필로소피Philosophy가 되었고, 일본에는 메이지 시대*에 들어와 '철학'이라는 한자 단어로 옮겨졌습니다.

필로소피아란 '지식을 사랑하다'라는 뜻으로, 자연이나 사회에 관한 진리를 탐구하는 일을 말합니다.

예를 들어 밤하늘에서 어떤 별의 움직임을 관찰하던 중에 다른 별과 반대로 움직이는 별 하나를 발견했다고 가정해 봅시다. 며칠

◆ 明治時代, 메이지(明治)라는 연호를 사용한 메이지 일왕의 통치 시기(1868~1912)를 말한다. 오랜 쇄국에서 벗어나 현대의 문화, 기술, 사상, 학문의 바탕이 된 서양의 다양한 기술과 문물을 많이 받아들인 시대다.

을 더 관찰해도 다른 별과는 반대되는 움직임을 보이는 것이 틀림없다고 판단하면, 누군가에게 이야기하고 싶어지겠지요. 그렇게 이야기를 나누다 보면 주변 사람과의 지적인 논의가 시작됩니다. 그리스인에게는 이것이 즐거운 일이었으며, 이 즐거움을 찾아낸 사람이 철학자들이었습니다. 그래서 탈레스, 데모크리토스, 아리스토텔레스와 같은 이들은 철학자인 동시에 자연을 탐구한 자연 철학자이기도 했습니다.

학교를 뜻하는 스쿨School이란 단어의 어원도 스콜레σχολή라는 그리스어에서 왔습니다. 원뜻은 '여가, 여유로운 시간'입니다. 여유로운 시간 중 즐거운 일은 필로소피아이므로, 그런 대화를 하는 시간과 장소도 스콜레에 포함되었습니다. 즉 학교란 마땅히 지식을 즐기는(필로소피아 하는) 장소인 셈이죠.

고대 그리스의 자연 철학자 중에는 천체 위치를 정밀하게 측정할 줄 아는 이도 있었고, 기하학 지식을 이용해서 토지를 측량할 줄 아는 이도 있었습니다. 그러나 아직은 과학적 방법인 실험을 충분히 익히지 못하고, 그 대신에 자연과 자연계에서 일어나는 변화를 주의 깊게 관찰했습니다. 동시에 '만물, 즉 자연은 무엇으로 이루어져 있는가'를 계속해서 고찰했습니다.

'만물의 근원은 물'이라고 주장한 탈레스

'만물은 무엇으로 이루어져 있는가?'라는 근원적인 질문에 처음으로 답을 한 사람은 탈레스였습니다. 탈레스는 밀레투스의 대무역상이었습니다. 배로 지중해를 여행하며 교역하고, 이집트에 올리브유를 팔러 가기도 했지요. 넓은 세계를 다니면서 그는 '만물은 무엇으로 이루어져 있는가?' 하는 문세에 몰두했습니다.

탈레스는 다음과 같은 의문을 품었습니다.

"세상에는 헤아릴 수 없을 만큼 다양한 것들이 존재하며, 모두 물질로 이루어졌다. 그리고 물질은 놀라울 만큼 다양한 방식으로 변화한다. 가장 근본적인 사실은 물질이 변한다는 사실이다. 물질은 끊이지 않고 변하지만, 무에서 생겨나는 일이 없고 있던 것이 사라지는 일도 없다. 즉 물질은 불생불멸不生不滅이다. 무수히 많은 물질이 끊임없이 변하는데도 물질 전체로서는 불생불멸인 이유는 무엇인가?"

탈레스는 '만물이 단 하나의 근원으로 이루어졌기 때문일 것이다'라고 생각했습니다. 그가 주목한 것은 물이었습니다.

"물은 얼리면 얼음이 되고, 끓이면 원래 모습으로 돌아온다. 끓인 물은 눈에 보이지 않는 수증기로 변하고, 식으면 눈에 보이는 증기가 되어 물방울을 만든다. 강과 바다, 지면의 물은 수증기가 되어 하늘로 올라가 구름이 된다. 구름에서는 비나 눈이 내린다.

물이 변하는 방식은 다양하므로 어떻게 변하든지 사라지지 않는다. 금속이 변하는 방식도, 생물의 몸이 변하는 방식도 물이 변하는 방식과 같은 부분이 있다.

그것들의 모습이나 형태는 변할지언정 사라지지 않는 까닭은 모든 것이 어떠한 근원 같은 것으로 이루어져 있기 때문이리라. 금속이나 생물의 몸을 구성하는 근원도 모두 같지 않을까? 그러므로 만물을 구성하는 근원에 물이라는 이름을 붙이자."

여기서 물은 우리가 마시고 몸을 씻는, 우리가 아는 그 물이 아닙니다. 탈레스는 쉴 새 없이 변화하고, 모습을 바꾸어 다른 물질을 만들어 내고, 이윽고 다시 처음 모습으로 돌아가는 만물의 근원이 될 만한 존재에 물이라는 이름을 붙이는 것이 가장 마땅하다고 판단했던 것입니다.

탈레스의 물을 계기로, 많은 학자가 과연 무엇이 만물의 근원(원소)일지 논의를 거듭했습니다. 어떤 이는 근원(원소)을 공기로 보았습니다. 공기의 압축과 엷고 짙음의 정도에 따라서 물과 흙, 불이 생기고, 그것들이 자연계를 만들어 내는 것으로 생각했습니다. 또 다른 이는 근원(원소)을 불로 보고 '타오르고 사그라들면서도 언제나 활동하는 불'을 자연계에 비유하기도 했습니다.

얀 밥티스타 판 헬몬트

잠시 시대를 훌쩍 건너뛰어 옆길로 빠져 보겠습니다. 탈레스는 기원전 600년 전후의 사람이지만, 시간이 흘러 무게를 정확하게 재는 방법으로 '만물의 주성분은 물'이라는 것을 밝혀낸 학자가 벨기에에서 나타났습니다.

그는 16세기 말에서 17세기에 걸쳐 살았던 학자로, 철학, 화학, 약학에 정통했던 얀 밥티스타 판 헬몬트Jan Baptista van Helmont(1579~1644)입니다.

당시 사람들은 '식물은 뿌리가 땅속의 다양한 양분을 흡수해서 생장한다. 따라서 식물의 입은 뿌리다'라는 아리스토텔레스의 설을 믿었습니다. 이에 헬몬트는 식물에 물만 주어 크게 키워 보면 아리스토텔레스설의 진위를 확인할 수 있을 거로 생각했습니다.

헬몬트는 커다란 화분에 잘 마른 흙 90kg을 정확히 넣은 다음 무게 2.3kg의 버드나무를 심었습니다. 나무에는 빗물만 닿을 수

헬몬트의 실험 90kg의 흙에 2.3kg의 버드나무를 심고 5년 후, 버드나무는 76.7kg으로 자라나고 흙은 57g이 줄어들었다.

있게 하고, 비가 내리지 않을 때는 증류수를 주었습니다. 이렇게 5년 동안 물만 주고 나무를 키웠습니다.

5년 후 버드나무는 76.7kg이 되었고, 흙의 무게는 단 57g만 줄어들었습니다. 식물의 몸을 구성하는 물질이 흙에서 흡수된 것이라면 흙의 무게가 그만큼 줄어들어야 마땅했습니다. 헬몬트는 '늘어난 버드나무 무게는 모두 물이 이동해 온 것'이라고 판단했습니다. 이파리, 줄기, 나무껍질, 뿌리는 모두 물로 이루어져 있으며, 물이 변한 것으로 생각했던 겁니다. 이것은 그가 실험한 시기보다 약

2천 년 전에 등장한 탈레스의 주장과 같은 이야기입니다.

그렇다면 버드나무는 어떻게 자라면서 무게를 늘렸을까요? 현대 과학자들은 이 물음에 다음과 같이 답합니다.

식물의 이파리에 빛이 닿으면 이파리 속에 든 엽록체가 이파리 기공에서 흡수한 이산화 탄소와 뿌리에서 흡수한 물을 원료로 삼아 탄수화물을 만들어 냅니다. 이것이 광합성입니다. 뿌리가 흙에서 흡수하는 물 이외의 질소 화합물, 인 화합물, 칼륨 화합물 따위의 미네랄양을 1이라고 할 때, 광합성으로 만들어 내는 영양분의 양은 1천이 넘습니다.

헬몬트가 살았던 시대에는 아직 식물의 광합성 시스템이 밝혀지지 않았기 때문에 잘못된 판단을 내렸던 셈이지만, 그럼에도 무게를 정확하게 측정해서 변화의 양상을 밝히고자 했던 태도는 과학적이었습니다.

물, 불, 공기, 흙 4원소로 이루어졌다

다시 고대 그리스 시대로 돌아갑니다. 탈레스처럼 만물의 근원(원소)을 단 한 가지로 한정 짓는 것은 무리가 있다고 생각하는 이도 나타났습니다. 시칠리아 출신 엠페도클레스Empedocles(기원전 494년경~기원전 434년경)였습니다.

그는 만물의 근원(원소)을 일단 물, 불, 공기, 흙, 이렇게 네 가지로 설정하고 "화가가 그림물감을 섞는 것처럼 네 가지 원소를 어떻게 혼합하는지에 따라서 자연의 만물이 만들어진다."라고 말했습니다. 물, 불, 공기, 흙, 이 하나하나가 탈레스가 생각했던 것처럼 '불생불멸'이자, 쉼 없이 모습을 바꾸다가 언젠가는 원래대로 돌아가는 원소들이라는 것이죠.

원자론자 데모크리토스
"원자와 공허로 이루어졌다"

그러던 시대에 지식의 대가가 등장합니다. 데모크리토스입니다. 그는 일흔세 권의 책을 썼다고 하는데, 지금은 한 권도 남아 있지 않습니다. 원자설은 '세상에 신과 같은 것이 존재할 리 없다'고 주장하는 무신론의 근거가 되기 때문에, 종교를 중요시했던 지배자와 민중에게 외면당하며 불태워지거나 버려졌을 것으로 추측됩니다. 지금 우리가 데모크리토스에 대해서 알 수 있는 건 아이러니하게도 주로 원자설에 반대했던 철학자들이 그의 사상을 자기 책에 기록해 두었기 때문입니다.

그는 만물을 구성하는 근원은 무수한 알갱이로 이루어졌으며, 한 알 한 알의 알갱이들은 더 조각나는 일이 없다고 생각했습니다.

그리고 현재 상태에서 더 작은 알갱이로 쪼갤 수 없는 알갱이에 '쪼갤 수 없는 것'이란 뜻을 가진 그리스어 단어$_{άτομον}$에서 가져온 아톰(atom, 원자)이라는 이름을 붙였습니다.

그가 머릿속에 떠올린 것은 '무수한 원자들이 원자밖에 없는 공간에서 끊임없이 격렬하게 움직이고, 서로 부딪쳐 소용돌이를 만들고, 어떤 원자는 다른 몇 개의 원자들과 함께 달라붙어서 하나의 덩어리를 만들며, 그 덩어리가 언젠가 쪼개져서 처음처럼 뿔뿔이 흩어진 원자 상태로 되돌아가는' 세계였습니다. '원자 배열이나 조합 방식을 바꾸면 다른 물질을 만들 수도 있고, 만물은 원자의 조합으로 만들어진 것이다. 물, 불, 공기, 흙 또한 예외가 아니다'라고 생각했지요.

이처럼 만물이 원자로 이루어져 있다는 이론을 원자설(혹은 원자론)이라고 합니다.

데모크리토스는 원자설의 범위를 영혼으로까지 넓혔습니다. 영혼도 원자로 이루어졌으며, 그 원자는 둥글고 미끌미끌해서 활발히 운동하며 생명 작용을 일으킨다고 보았습니다.

데모크리토스의 원자설에 따르면, 철과 납이 같은 부피일 때 납이 더 무겁고 부드러운 것을 이렇게 설명할 수 있습니다.

납은 철보다 원자가 많이 압축되어 있다. 철은 원자 사이에 빈틈이 있는 곳과 꽉 차 있는 곳이 있다. 그래서 납보다 빈틈이 많아도 단단아다. 납은 원자가 균등하게 쌓여 있으므로 전체적으로 빈틈이 적지만, 철처럼 원자가 잔뜩 몰려 있는 곳도 없기 때문에 무르다.

현대 화학의 근본 원리는 원자설입니다. 방사능이 있는 방사성 원소가 발견되면서 '원자는 더는 쪼갤 수 없는 최소 단위'라는 발상은 이제 틀린 말[*]이 되었지만, 고대 그리스 시대에 원자설을 상상했던 자연 철학자가 있었다는 사실은 높이 기릴 만한 일입니다.

❖

저는 데모크리토스 이야기를 할 때 물체의 온도를 높이면 팽창하는 현상을 원자론적으로 설명합니다.

만물은 원자와 그 원자의 운동 공간으로 이루어져 있습니다. 10엔짜리 동전을 가열해서 온도를 높이면 동전의 크기는 어떻게 될까요? 팽창해서 원주와 두께가 모두 증가합니다. 10엔 동전을 구성하고 있는 하나의 원자와 그 원자가 운동하는 공간의 이미지를 상상해 보세요. 필자는 원자가 운동하는 공간을 '그 원자의 영향권'이라고 부릅니다. 온도를 높이면 원자의 운동은 격렬해지고

[*] 19세기 말 뢴트겐, 베크렐, 퀴리 등의 과학자가 잇따라 방사선을 발견하면서 원자를 더 작은 알갱이로 쪼갤 수 있다는 사실이 밝혀졌다. 이에 따라 기존 원자설은 힘을 잃고, 원자 구조에 관한 새로운 연구가 시작되었다.

일본 엔화 동전(왼쪽부터 1엔, 5엔, 10엔)

운동 공간도 넓어지지요. 원자 하나하나와 그들의 운동 공간이 확장되니 물체 또한 전체적으로 팽창합니다.

그럼 가운데에 구멍이 뚫린 5엔짜리 동전을 가열하면 동전 가운데에 난 구멍 크기는 어떻게 변할까요? 구멍 테두리에 원자가 쪼르르 줄지어 있는 모습을 떠올려 봅시다. 그런데 그냥 나란히 서 있는 게 아니라, 하나하나가 모두 온도에 반응하는 운동 공간을 가졌습니다. 즉 운동 공간을 가진 원자들이 쪼르르 줄지어 있는 겁니다. 원자의 운동이 격렬해지면 각자의 운동 공간이 커지고, 그러면 구멍은 커질 수밖에 없습니다. 자칫 5엔 동전 전체가 팽창하면서 구멍 방향으로도 팽창해서 구멍이 작아질 거로 생각하기 쉽지만, 그건 틀린 답입니다.

원자설을 싫어했던
다채로운 천재 아리스토텔레스

아리스토텔레스는 데모크리토스의 원자설을 비판했습니다. 그는 데모크리토스가 사망한 해에 아직 소년의 나이였습니다.

아리스토텔레스는 플라톤의 제자였으며, 대제국을 건설한 알렉산드로스 대왕이 아직 황태자였을 때 가정교사이기도 했습니다. 알렉산드로스 대왕은 그를 아껴서 학문 연구 비용

아리스토텔레스
(르네상스기 이탈리아 화가 라파엘로가 그린
〈아테네 학당〉에서 모사)

을 아낌없이 내주었습니다. 아리스토텔레스는 온갖 분야의 책을 썼으며, 제자도 많이 두었습니다. '아리스토텔레스가 하는 말이라면 틀림이 없지'라는 것이 학문하는 사람들의 생각이었습니다.

아리스토텔레스는 원자설을 두고 "어떤 물체든 때려 부수면 작은 알갱이가 되지 않는가, 쪼개지지 않는 알갱이란 있을 수 없다. 또 진공은 존재할 리가 없다, 우리 눈으로 보았을 때는 빈 공간처럼 보여도 무언가가 가득 채우고 있는 것이다."라며 비판했습니

아리스토텔레스의 4원소설

다. 그의 주장을 후세 사람들은 '자연은 진공을 싫어한다Nature Abhors a Vacuum, Horror Vacui'라는 문구로 표현했습니다.

그러면 아리스토텔레스는 만물을 이루는 근원(원소)을 어떻게 생각했을까요? 그는 만물은 단 하나의 원료인 '다양한 근원의 더욱 근원'으로 이루어졌다고 생각했습니다. 만물은 '물, 불, 공기, 흙'이라는 근원이 뒤섞이고 결합해서 이루어졌지만, 근본적으로는 '물, 불, 공기, 흙'이라는 근원의 근원인 한 가지로 이루어져 있다는 뜻이었죠. 즉 근원의 근원이 되는 하나를 생각했던 겁니다.

아리스토텔레스가 말한 근원의 근원이란 무엇일까요? 그가 생각한 근원의 근원에는 형체도 모양도 없었습니다.

+ 근원의 근원에 '뜨거움'과 '건조함' 성질이 더해지면 **불**이 생긴다.

+ 근원의 근원에 '뜨거움'과 '습함' 성질이 더해지면 **공기**가 생긴다.

+ 근원의 근원에 '차가움'과 '습함' 성질이 더해지면 **물**이 생긴다.

+ 근원의 근원에 '차가움'과 '건조함' 성질이 더해지면 **흙**이 생긴다.

가령 냄비에 물을 넣고 불을 켜면 불의 성질 중 하나인 '뜨거움'

이 물의 성질 중 하나인 '습함'을 만나므로 이 둘을 받아들인 근원의 근원은 공기(실제로는 공기가 아닌 수증기)가 되어 피어오른다. 물이 증발하면 불의 성질인 '건조함'과 물의 성질인 '차가움'이 만나므로 흙(실제로는 물에 녹아 있던 칼슘 등 미네랄 가루)이 된다, 하는 식입니다.

아리스토텔레스의 원소에 대한 발상은 인간 상식으로 받아들이기 쉬운 면이 있어서 특히 유럽에서는 19세기까지 계속해서 영향을 미쳤습니다. 또 기독교회에서는 그의 이론과 자연에 관한 생각을 많은 부분에서 종교적으로 이용했습니다. 그 결과 아리스토텔레스는 신격화되었고, 권위자로서 추대받았습니다. 반대로 원자설은 무신론자를 만들어 낸다는 이유로 기독교회와 당시 지배층으로부터 추방되었습니다.

3

연금술의 뿌리와
발전과 쇠퇴

돌덩이(광석)가 나무보다 튼튼하고 광택
까지 도는 금속으로 재탄생하는 모습이
일반 사람에게는 마치 신의 손길이 닿은
일처럼 느껴졌을 겁니다. 야금을 통해 금
속을 만드는 기술자는 신기한 마력을 가
진 존재로서 두려움과 존경을 한 몸에
받았죠.

화학 변화를 신비롭게 여겼던 고대 사회
에서 납과 같은 비금속˚의 성질을 바꿔
금을 만드는 데 진심인 사람들이 속속
나타난 것은 어찌 보면 당연한 일이었습
니다. 이러한 분위기에서 고대부터 17세
기까지 2천 년 가까운 시간 동안 연금술
이 번성했습니다.

卑金屬, 알칼리 금속이나 알칼리 토류 금속과 같이 공기 중에서 쉽게 산화되는 금
속을 총칭하는 단어. 비교적 값이 싸고 구하기 쉬워 값비싼 귀금속을 만들기 위한
연금술 재료로 이용되었다.

기원전 331년, 이집트를 점령한 알렉산드로스 대왕은 나일강 하구에 알렉산드리아라는 도시를 건설해 수도로 삼았습니다. 그 후 2세기 남짓한 시간에 알렉산드리아는 다종다양한 문화와 전통이 한데 섞인 세계 최대 도시가 되었습니다.

알렉산드리아에는 프톨레마이오스 1세가 설립한 무세이온 Mouseion이란 왕실 부설 학문 연구소가 있었습니다. 이곳으로 지중해 주변 각국에서 많은 학자가 몰려들었습니다. 부속 도서관인 알렉산드리아 대도서관은 그리스 로마 시대를 통틀어 최고의 도서관으로, 두루마리와 파피루스 형태로 보관된 7만 점 이상의 장서를 보유했습니다.

바로 이 알렉산드리아가 연금술의 발상지로 알려진 곳입니다. 다만 정말 연금술의 발상지인지는 확실하지 않습니다.

1828년에 이집트에서 발견된 〈라이덴 파피루스〉와 〈스톡홀름 파피루스〉(3세기경 유물이지만, 그 내용은 기원전 2세기~기원전 1세기까지 거슬러 올라감)에는 금이나 은에 다른 금속을 더해서 양을 늘리는 방법, 염색법에 관한 내용 등이 적혀 있습니다. 덕분에 당시 금속 가공법이나 염색 직인이 어떤 일을 했는지 등을 알 수 있습니다. 직인들은 대부분 금과 은 같은 귀금속의 값싼 모조품을 만드는 데 노력을 기울였던 듯합니다.

예컨대 〈라이덴 파피루스〉에는 이런 기록이 남겨져 있습니다.

아셈(Asem, 금과 은의 합금) 제조법
무른 주석의 작은 조각을 떼어 4도로 정련하라. 그리고 주석 4에 정련한 백색 동 3과 아셈 1을 준비한다. 녹여서 거푸집에 흘린 다음 여러 차례 연마해 원하는 것을 만들어 내라. 1급 품질의 아셈이 완성돼 직인마저도 속아 넘어갈 것이다.

문서를 읽어 보면 이 내용을 적은 사람이 일반 금속을 귀금속으로 바꾸고자 했던 정황은 보이지 않습니다. 그러나 이 문서를 읽고 조건만 다 갖추면 가능하리라고 여긴 사람도 나왔을 법합니다.

이집트에는 이미 사체를 미라처럼 보이게 만드는 방부 처리법, 염색법, 유리 제조법, 채유용 도기 제조법, 야금법 등의 기술이 있었습니다. 거기에 그리스에서 전해진 아리스토텔레스의 원소에 관한 발상이 새로운 영향을 주었습니다. 물, 불, 공기, 흙이라는 근원의 근원이 되는 하나, 즉 뜨거움과 차가움, 건조함과 습함이라는 성질이었지요.

"성질은 바꿀 수가 있다. 뜨거움은 차가움으로 바꿀 수 있고, 습함은 건조함으로 바꿀 수 있다. 그렇다면 원소는 바꿀 수 있으니, 금속을 금으로 만드는 일도 가능할 것이다."

이런 결론에 다다랐던 겁니다.

또 이 시대에 발견해 쓰이던 원소는 일곱 가지 금속 원소 금, 은, 동, 철, 주석, 납, 수은 그리고 비금속 원소 탄소와 황이었습니다.

이집트인은 항성을 배경으로 위치를 바꾸는 태양, 달, 금성, 화성, 토성, 목성, 수성 등 일곱 개의 '떠도는 별'과 이미 발견되어 있었던 일곱 가지 금속을 묶어서 생각했습니다. 태양과 금, 달과 은, 금성과 동, 이런 식으로 말이죠. 초기 연금술사는 자신들이 바로 우주의 비밀을 풀고 있는 사람들이라고 여겼을지도 모릅니다.

기원후가 되고 얼마 지나지 않은 시기에 연금술은 알렉산드리아 외에 남미, 중미, 중국, 인도 등지에서도 시작되었습니다. 어느 지역에서나 비금속을 금으로 만들고 싶은 욕망, 병을 치료하려는 의학 등이 동기였습니다. 중국은 특히 인간 수명을 연장하는 일에 관심을 가졌던 모양입니다. 중국 지배 계층은 불로불사약을 원했는데, 이러한 영약은 효과를 높이려 할수록 독성도 높아지게 마련입니다. 역대 중국 황제 다수가 영약 중독으로 사망했습니다.

296년, 로마 황제 디오클레티아누스는 로마 제국 전역에서 연금술을 금지하고, 연금술 관련 문헌을 모조리 태울 것을 명했습니다. 이때 대량의 문서가 파기되었고, 그것이 초기 연금술에 관한 뚜렷한 내용이 전해지지 않은 이유입니다. 또 황제가 연금술을 금지한 이유는 비금속으로 금을 만드는 일이 정말 성공할 거로 생각해서였습니다. 여기저기서 다 금을 만들면 제국의 경제가 무너질 거라 염려했던 겁니다.

391년에는 기독교도가 알렉산드리아 대도서관의 책들을 약탈하고 불태웠습니다. 그리스 로마 시대의 막대한 장서들이 불길에 휩싸여 지구상에서 사라져 버렸지요.

이슬람 세계에서 발전한 연금술

7세기 이슬람교의 확장은 눈부셨습니다. 중동과 중앙아시아 대부분, 서아시아와 북아프리카까지 지배하에 두었습니다. 초기 이슬람 왕국은 비이슬람계의 학문에 비판적이었지만, 8~11세기에 이슬람 제국 제2의 세습 왕조인 아바스 왕조가 탄생하자 이슬람 세계에서 학문이 꽃을 피웠습니다.

당시 권력자들은 고대 그리스뿐만 아니라 중국과 인도 등의 문헌도 아랍어로 번역하게 했습니다. 이슬람 제국 안팎에서 학자들이 아바스 왕조의 수도 바그다드로 몰려들었습니다. 학자들은 수학, 천문학, 의학, 화학, 동물학, 지리학, 연금술, 점성술 등의 연구를 발전시켰습니다.

이슬람 연금술사들은 고대 그리스의 과학 지식과 연금술에 영적인 의미를 부여했던 신플라톤학파의 신비주의, 중국과 인도의 과학 및 연금술 등을 받아들였습니다.

이슬람 연금술에서는 황이나 수은 등을 곧잘 이용했는데, 이것

수은 정련 품질이 나쁜 진사를 증류해서 수은을 얻는다.(《인공개물》에서 모사)

은 중국 연금술의 영향을 받은 것으로 보입니다.

중국에서는 예부터 진사辰沙라는 물질을 사용했습니다. 진사는 붉은색 물질로, 성분은 황화 수은(수은과 황의 화합물)입니다. 주로 칠기, 붉은색 먹, 인주 등 안료로 사용했습니다.

붉은색인 진사를 가열하면 수은과 황으로 분해되어 은색 수은을 얻을 수 있고, 수은과 황으로 황화 수은을 만들 수 있습니다. 수은을 공기 중에서 가열하면 산소와 결합해서 붉은색 산화 수은이 됩니다. 산화 수은을 더욱 가열하면 분해돼 수은과 산소가 됩니다.

이처럼 변하는 물질인 만큼 진사는 중국 연금술에서 불로불사약을 만드는 데 중요하게 여겨졌습니다. 중국 연금술이 당나라 시대에 실크로드 또는 바닷길을 통해 이슬람 세계로 전해져서 영향을 주었을 가능성이 있는 것이죠.

아라비아의 연금술사 자비르 이븐 하이얀

자비르 이븐 하이얀Jābir ibn Ḥayyān(721년경~815년경)은 721년경에 바그다드에서 태어났습니다. 그가 성인이던 당시 이슬람 제국은 《아라비안나이트》로 유명한 하룬 알라시드Hārūn al-Rashīd 왕의 통치 아래 있었습니다.

자비르는 연금술 외에도 자연 과학 여러 분야에서 우수한 재능을 보였습니다. 에메랄드 판Emerald Tablet과 아리스토텔레스의 원소에 관한 발상에서 영향을 받았으며, 여기에 독자적인 연구를 보탰습니다. 특히 '모든 금속은 황과 수은으로 만들어지며, 황과 수은의 비율에 따라서 금속의 성질이 달라진다'라고 생각했습니다. 금이 완전한 비율을 가졌다고 보았으며, 납을 금으로 바꿀 수 있다고도 믿었습니다. 납을 황과 수은으로 분해한 다음, 불순물을 제거하는 정제 과정을 통해서 황과 수은의 비율을 금처럼 맞추면 금이 만들어질 것으로 생각했던 겁니다. 알렉산드리아 시대의 연금술에는 거의 등장하지 않았던 황과 수은이 여기에서는 등장하죠.

에메랄드 판이란 연금술 역사에 등장하는 전설 속의 인물 헤르메스 트리스메기스투스Hermes Trismegistus(그리스어로 '세 배 위대한 헤르메스'라는 뜻)가 쓴 것으로 여겨지는 문서입니다. 그는 이집트 지혜의 신 토트와 그리스의 신 헤르메스가 융합한 신비로운 존재로 알려졌습니다. 그가 썼다고 여겨지는 문서 중에서도 가장 중요한 것이 에메랄드 판이었는데, 자비르는 저서 중 하나에 그 내용을 아라비아어로 적어 두었습니다. 에메랄드 판은 짧은 글로, 연금술에 관련한 구체적인 언급이 없습니다. 하지만 연금술의 진수를 보여주는 글로 여겨졌습니다.

이것은 거짓 없이 확실한 진실이다.
아래의 것은 위의 것과 닮고, 위의 것은 아래의 것과 닮아, 이리하여 하나의 기적을 행하노라.

만물이 **하나**의 매개로 창조되었던 것처럼, 모든 것이 **하나**의 적응으로 창조된다.

하나의 아버지는 태양, 어머니는 달이요. 바람은 그것을 배 속에 품고 땅은 그것의 유모다. 세계의 모든 것을 완성하는 아버지가 여기에 있노라. 그것이 대지로 바뀔 때 그 힘은 완전해지리라.

불에서 흙을, 엉성한 것에서 정묘한 것을 잘 분리하라. 그것은 땅에서 하늘로 올라갔다가 다시 땅으로 내려와 상위의 것과 하위의 것 모두의 힘을 받아들이리라.

이리하여 그대는 전 세계의 영광을 얻고, 불확실한 것들은 사라지리라.

그 힘은 모든 정묘한 것들을 뛰어넘고, 모든 고정된 것들을 관통하므로 모든 힘을 이긴다.

이리하여 세계는 창조되었다.

이리하여 놀라운 적응이 탄생하는데, 그 과정은 여기에 나와 있다.

그러므로 나는 전 세계 철학 세 개의 영역에서 통하는 헤르메스 트리스메기스투스라고 불린다.

태양의 작업에 관하여 내가 해야 할 말은 이것이 전부다.

_요시무라 가즈오, 《도설 연금술_{圖説 鍊金術}》 중에서

'아래의 것, 위의 것'이란 만물은 우주와 자연과 인간이 하나가

되어 이루고 있다는 의미로 보입니다. 하나(유일자)**는 아리스토텔레스가 말한 만물의 근원의 근원을 떠올리게 합니다. 하나로부터 만물이 만들어졌다는 발상이지요.

1680년대에 아이작 뉴턴Isaac Newton(1642~1727)이 에메랄드 판의 각 단락에 주석을 적어 놓은 논문이 남아 있습니다. 가령 '아래의 것은 위의 것과 닮고, 위의 것은 아래의 것과 닮아, 이리하여 하나의 기적을 행하노라'에는 다음과 같은 주석을 붙여 두었습니다.

상위의 것과 하위의 것, 고정적인 것과 가변적인 것, 황과 수은은 비슷한 성질을 가진 하나의 묶음이다. 마치 남편과 아내 같은 관계다. 둘은 서로의 소화와 성숙 정도에 맞추어서만 달라진다.

황은 성숙한 수은이며, 수은은 미성숙한 황이다. 이 친밀성 때문에 둘은 남자와 여자처럼 결합하고, 상호 작용을 한다. 이 작용을 통해서 서로 닮아 가고, 나아가 고귀한 자녀를 출산하는 하나의 기적을 행한다.

자비르는 금속을 금으로 바꾸려면 현대 화학에서 말하는 촉매 (반응 전후로 자신은 변하지 않으면서 다른 물질의 반응을 촉진하는 물질)가 필요하다고 이야기했습니다. 연금술에서는 이것을 '현자의 돌

◈ 일자(一者), 절대자의 이름

Philosopher's Stone '이라고 불렀습니다.

자비르는 연금술에 몰두하면서 화학 분야에 큰 업적을 남겼습니다. 물론 금이나 은을 만들지는 못했지만 화학 물질에 관해 얻은 새로운 지식을 정리해 기록했습니다. 유리 기구의 성능 및 금속 정련의 정밀도를 높이고 염료와 잉크 제조 기술도 향상했습니다.

화산 분화구 주변에서 발견되는 염화 암모늄의 성질도 조사했습니다. 식초를 증류하고 농축해서 진한 아세트산을 만들었습니다. 나아가 염산과 질산을 혼합해서 얻을 수 있는 왕수王水를 만들었습니다. 왕수는 염산, 황산, 질산으로도 녹일 수 없는 금을 녹일 수 있는 강력한 산화 용액입니다.

황산과 질산 역시 이슬람 직인이 만든 것으로 여겨집니다. 황산은 화산 지대의 암석에 섞여 있는 명반이 원료입니다. 명반은 황산 알루미늄 칼륨Aluminium Potassium Sulfate에 결정수 가 들러붙은 물질입니다. 명반을 증류수에 넣어 세게 가열하면 심한 냄새의 증기를 뿜는 묵직한 기름 같은 액체가 증류기 입구에 묻어납니다. 이것이 황산입니다. 흑색 화약의 원료로 사용하던 초석(질산 칼륨)과 명반을 섞어서 증류기에 넣고 세게 가열하면 증류기 입구에서 황갈색 증기와 갈색 액체를 얻을 수 있습니다. 이 갈색 액체 물질이 질

◆ 結晶水, 결정성 물질 속에 일정한 화합 비율로 함유된 물을 말하며, 결정수의 비율이 변하면 물질의 결정 구조가 달라진다.

산입니다.

황산, 질산, 왕수 등의 산이 만들어지자 이 산에 금속이나 광물 등을 녹이고 용액을 증발시켜서 다양한 염을 만들 수 있었습니다. 소금은 산과 알칼리의 중화로 만들어지는 화합물입니다. 예를 들어 염산과 수산화 나트륨이 중화하면 염화 나트륨, 즉 소금이 만들어집니다.

자비르 이븐 하이얀이 남긴 업적 중 가장 훌륭한 일은 명확하고 상세한 기술법입니다. 실험에 사용한 재료, 기구, 실험의 방법 및 결과를 항목별로 자세히 기록했습니다. 이로써 다른 사람들도 실험의 세부 내용까지 정확하게 재현할 수 있었습니다.

연금술 도구

1장에서 살펴본 것처럼 인간은 불을 이용하기 시작하면서 토기와 유리 등을 만들고, 광석에서 금속을 추출하기 시작했습니다.

연금술에서는 가열을 이용한 융해, 분해, 회화Ashing를 비롯해 증류, 용해, 증발, 여과, 결정화, 승화(고체에서 바로 기체로 변하는 현상), 아말감화(금속을 수은에 녹여서 합금을 만드는 일) 등의 조작을 합니다. 이때 우선 필요한 게 가마와 같은 화로(물질을 가열, 용해하거나 물질에 화학 반응을 일으키기 위해서 연료를 태우는 내화성 장치)입니다.

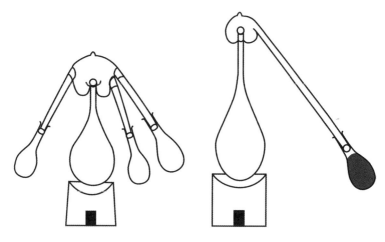

알렉산드리아 시대 증류기

화로에 공기를 불어넣는 데 풀무도 사용하기 시작했습니다.

용액이나 금속을 가열하려면 용기가 필요합니다. 쇠붙이를 녹이는 용도로 만든 용기를 도가니라고 합니다. 도가니는 점토에 모래를 섞어 단단하게 구워 불에 잘 견딜 수 있게 만들었습니다. 화로와 도가니는 연금술 시대 이전부터 있었습니다. 유리도 있었고요. 유리 용기도 다양하게 만들어졌습니다. 현재의 실험용 비커와 플라스크 등의 역할을 하는 것도 있었습니다. 증류기는 유리나 도기로 제작되었습니다. 증류에는 레토르트라는 유리 기구가 종종 쓰였습니다. 공같이 둥근 용기 위쪽에 이어진 길고 잘록한 관이 아래로 뻗어 있는 모양의 기구인데요. 증류하고 싶은 액체를 넣고 공모양 부분을 가열하면 이어진 관에 증기가 맺히고, 이내 물방울이

60

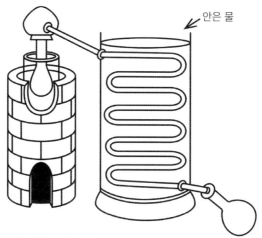

안은 물

술에서 알코올을 증류하는 장치(13세기 그림)

관을 타고 떨어집니다. 그 액체를 용기에 받는 방법으로 뽑아내고 싶었던 물질을 모을 수 있습니다. 레토르트는 연금술에 널리 이용되었습니다.

증류 작업은 끓는점 차이를 이용해서 물질을 먼저 기체로 만든 다음, 그것을 식혀서 물질을 나누는 방법입니다. 염화 나트륨 수용액을 예로 들어 볼까요? 물의 끓는점은 100℃지만 염화 나트륨의 끓는점은 1,500℃에 가깝습니다. 따라서 염화 나트륨 수용액을 끓이면 물은 수증기가 되지만 염화 나트륨은 여전히 물에 녹은 채로 남아 있지요. 그러므로 증기를 모아 순수한 물, 곧 증류수를 얻을 수 있습니다.

알렉산드리아 시대에는 아직 당분을 발효시켰을 때 생기는 물과 알코올(에탄올)이 섞인 액체에서 알코올을 추출하지 않았습니다. 아마 12세기 혹은 13세기 무렵부터 술을 증류하기 시작한 것으로 보입니다. 14세기에는 포도주를 정성껏 증류해서 순수에 가까운 알코올을 얻어 내기도 했지요.

현자의 돌 만들기에 몰두했던 르네상스기

유럽에 이슬람 연금술이 들어온 것은 1096년에 시작된 십자군 운동 때였습니다. 기독교도가 벌인 십자군 운동은 예수 그리스도가 제자들을 가르치고, 처형당하고, 부활한 성지 예루살렘을 탈환하고 방위하는 운동이었습니다.

이 무렵 유럽은 삼포식 농업(이어짓기로 발생할 수 있는 지력 소모를 방지하고자 경작지를 셋으로 나누어 해마다 그중 하나씩을 쉬게 하는 돌려짓기 방식), 대개간 사업 등을 통해서 농업 생산력이 향상되었습니다. 농민이 잉여 작물을 교환하는 시장이 생겨났고, 일상품과 농기구를 만드는 수공업자와 그것을 판매하는 상인이 등장하면서 상업도시가 발달했습니다. 대학교도 생겼고요.

이러한 토양 위에서 유럽과 이슬람 세계의 경제 문화 교류가 진전했고, 이슬람 연금술도 유럽으로 들어왔습니다. 다만 연금술 문헌 등이 아랍어로만 기록된 문제가 있었는데, 아랍어와 라틴어를 모두 잘 아는 유대 민족이 이를 라틴어로 번역했습니다. 12~13세기에 이슬람 연금술 모든 학파의 문헌이 라틴어로 번역되었습니다. 또 고대 그리스 문헌도 라틴어로 번역했습니다.

우주의 구조를 규명하려면 연금술을 연구해야 한다는 생각이 퍼졌습니다. 연금술사들은 돌이나 가루의 형상으로 알려진 '현자의 돌'을 사용하면 금속을 금으로 바꿀 수 있을 거라 믿고 현자의 돌을 만드는 데 열을 올렸습니다.

또한 상상 속의 '하얀 돌'은 금속을 은으로 바꿀 때, '붉은 돌'은 금으로 바꿀 때 사용할 수 있다고 믿었습니다. 단 금속을 금으로 바꾸는 데 성공했다는 전설이 수없이 많지만, 실제로 성공한 사례가 확인된 적은 없습니다. 가짜 성공 사례를 빼면, 변성에 성공했다고 해도 합금 혹은 도금 종류에 불과했습니다.

당시 사람들에게 현자의 돌은 단순히 금속을 금으로 바꾸는 물질이 아니었습니다. 사람들은 현자의 돌에 광물과 금속 그리고 영적인 원소까지 모두 들어 있다고 믿었습니다. 따라서 광물은 물론, 인간과 동식물에도 작용할 수 있을 거라 여겼고 나아가 모든 생물의 병을 낫게 하고 건강을 유지하는 만능 약으로도 생각했습니다. 불로불사의 약으로까지 보았던 겁니다.

연금술사들이 불로불사의 약을 꾸준히 연구한 결과, 연금술은 약을 만드는 데도 쓰이게 되었습니다.

16세기 연금술사 중 눈부신 활약을 보인 사람이 파라셀수스 Paracelsus(1493~1541)입니다. 의사 집안에서 태어나 광물학과 야금 학을 배웠으며, 이곳저곳을 방랑하면서 연금술과 의학도 배웠습니다.

본명은 테오프라스투스 폰 호엔하임Theophrastus von Hohenheim, 본명 대신에 내세웠던 파라셀수스라는 이름은 '켈수스를 뛰어넘 는para-Celsus'이라는 뜻입니다. 켈수스Aulus C. Celsus는 1세기 로마 의사입니다. 켈수스의 저서는 파라셀수스 시대에 재발견되어 의 학계에서 대유행했는데, 파라셀수스는 저서 내용 대부분이 기원 전 4세기에 사라진 히포크라테스의 저서를 재탕한 것임을 간파했 습니다. 그래서 자신이야말로 켈수스보다 우수하므로 '켈수스를 뛰어넘는' 학자임을 내세우는 게 당연하다고 여겼고, 그것을 증명 하려 했습니다. 이는 당시 의학의 권위에 반항하면서도 오랜 전통 에 묶여 있던 과학계의 사고를 자유롭게 해 준 측면이 있습니다. 논쟁을 즐기는 도발적인 성격 탓에 인간적인 측면에서는 세간의 평판이 극심하게 갈리기도 했지만요. 자기편이 많은 만큼 적도 많 은 성격이었던 모양입니다.

연금술사로서 파라셀수스는 계속해서 현자의 돌을 만들려고 했고, 그것이 불로불사의 영약이라고 확신했습니다. 파라셀수스는 '모든 금속은 수은과 황으로 만든다'라는 생각을 비판하고, 수은과 황 외에 제삼의 성분으로 소금을 추가했습니다. 당시 연금술사가 가지고 있던 '영혼, 정신, 육체'라는 세 구분법을 구체적으로 표현한 것입니다. 불, 즉 연소성 물질인 황은 영혼에, 물인 수은은 정신에, 흙 다시 말해 소금은 육체

**파라셀수스로 알려진
테오프라스투스 폰 호엔하임**

에 해당했습니다. 예를 들어 나무가 불에 타면 '불타는 것은 황, 증발하는 것은 수은, 재가 되는 것은 소금'인 셈입니다. 또 이때 말하는 황, 수은, 소금은 이 이름으로 불리는 구체적인 물질이 아니라 더욱 추상적인 정신Spirit을 나타냅니다. 이 3원질설Tria Prima은 그 전까지의 황·수은설을 대체했습니다.

파라셀수스는 연금술을 의학에 보탬이 되도록 이용하기도 했습니다. 화학적인 치료법을 개발하거나 각각의 병에 맞는 치료 약을 조합해야 한다며 의학에 화학을 도입했습니다. 특히 아편 팅크 Opium Tincture(알코올에 아편 추출물을 섞은 것)를 다양한 병증을 완화해 주는 진정제로, 또 만능 약처럼 사용하기도 했습니다.

그 전까지 유럽 약 대부분은 식물을 원료로 했습니다. 그러나 파

라셀수스는 광물로 만든 약도 사용하게 했습니다. 가령 당시 대유행했던 매독을 치료하려면 정확하게 개량한 수은 화합물 정량을 지시한 시간 간격에 맞추어 복용시켜야 한다고 주장했습니다. 매독 치료에 수은 화합물을 쓰는 것은 1909년에 획기적인 매독 치료약인 살바르산*이 등장하기 전까지 표준적인 치료법이었습니다. 현대에도 파라셀수스가 치료에 썼던 화합물들을 사용합니다. 아연염Zinc Salt과 구리염Copper Salt류, 납과 마그네슘의 화합물, 피부병에 사용하는 비소 화합물 약의 조제법 등이 그것입니다.

파라셀수스에게는 적이 많았기 때문에 사후 얼마 동안은 정당한 평가를 받지 못했습니다. 그러나 16세기 말에 들어서면서부터는 각지에서 그의 저서를 신봉하는 학자들이 나타나며 이른바 의화학(의료 화학)파가 생겨났습니다.

뉴턴은 마지막 마술사?

파라셀수스가 죽고 2년도 채 지나지 않아서 지동설에 관한 니콜라우스 코페르니쿠스Nicolaus Copernicus(1473~1543)의 저서 《천구

◆　Salvarsan, 비소 화합물로, 1910년 독일 화학자 에를리히가 합성한 화학적 매독 치료제 아르스페나민의 상표명이다.

의 회전에 관하여De revolutionibus orbium coelestium》가 출판됐습니다. 코페르니쿠스, 갈릴레오 갈릴레이Galileo Galilei(564~1642), 요하네스 케플러Johannes Kepler(1571~1630), 아이작 뉴턴과 같이 근대 과학의 조상으로 일컬어지는 과학자의 시대가 시작되었지요.

근대 과학을 세운 과학자들은 연금술에 빠져 있었습니다. 그중 특히 유명한 것이 뉴턴입니다.

뉴턴은 1668년경부터 18세기의 10년대 혹은 20년대까지 연금 술을 연구했습니다. 20대 중반부터 인생 만년에 이르기까지 오랜 기간 연구에 힘을 쏟은 거죠. 베티 돕스Betty J. T. Dobbs가 쓴 책《연 금술사 뉴턴》◆◆〈1. 아이작 뉴턴, 화롯가의 철학자〉 내용을 참고해 서 당시 뉴턴의 모습을 소개하겠습니다.

뉴턴은 많은 연금술 문헌을 모아 두꺼운 노트에 기록하고 정리 해서 논문 몇 편을 썼습니다. 그리고 본인이 인용한 문헌들의 내용 에 주석을 잔뜩 단 독자적인 논문도 새로 썼습니다. 손수 적은 원 고의 양은 극히 방대했습니다.

또 실험 기록도 남겨 놓았습니다. 기록 속의 퉁명스러울 정도로 짧은 한 문장 한 문장 뒤에는 그가 실험실에서 사용했던 도구(직 접 만든 벽돌 화로, 도가니, 막자와 막자사발, 증류기, 목탄 등)와 함께 보낸

◆◆ 이 책의 원제는 The Janus Faces of Genius: The Role of Alchemy in Newton's Thought로, 일본에 '연금술사 뉴턴'이란 제목으로 번역, 소개됐다.

아이작 뉴턴

많은 시간이 숨어 있습니다. 어떤 연속 실험들은 몇 주, 몇 달, 몇 년에 걸쳐 이루어지기도 했습니다.

'화롯가의 철학자'라는 17세기식 표현은 불을 일으키는 화로 근처에 있던 사람, 즉 배움이 짧아 풀무로 바람을 일으키는 역할만 도맡았던 화공, 거짓을 일삼는 사기꾼, 혹은 아마추어 화학자 속에서 진지한 철학적 연금술사를 구별해 내기 위해서 사용했던 단어입니다. 그러니 이 단어를 뉴턴에게 붙여 주는 것은 너무도 적절한 일이겠죠. 만약 이 단어의 이름값을 톡톡히 했던 학자를 꼽는다면 뉴턴만 한 적임자가 없을 겁니다.

뉴턴은 50대에 일시적인 정신 착란 상태에 빠졌는데, 이를 두고 후세에서 다양한 원인이 거론되었습니다. 그중 하나로 수은 중독설이 있습니다. 뉴턴의 머리카락에서는 일반 사람의 열 배가 넘는 수은이 나왔다고 합니다. 그 외에도 정상 수치를 초과한 금, 비소, 납, 안티몬도 나왔습니다. '화롯가의 철학자'로서 현자의 돌을 만들어 내기 위해 그만큼 연금술 실험에 몰두했던 것입니다.

많은 사람이 뉴턴을 과학적 사고를 바탕으로 수학적 모델을 구축한 근대 과학의 시조로 생각합니다. 뉴턴 연구 방식의 핵심은 오로지 실험, 관찰, 이성을 중심으로 한 수학적이며 과학적인 방법을 사용한 데 있었다고 주장한 사람도 있을 정도입니다. 그만큼 이성적인 과학자의 상징인 뉴턴이 실제로는 연금술 연구에 빠져 살았던 인물이라니 놀라울 따름입니다.

경제학자로 유명한 존 메이너드 케인스John Maynard Keynes는 1936년 경매에 올랐던 뉴턴의 자필 원고(포츠머스 컬렉션) 중 절반을 사들여 살펴본 후, 〈인간 뉴턴Newton, the Man〉이라는 논문에 이렇게 적었습니다.

뉴턴은 이성의 시대를 연 첫 번째 사람이 아니다. 그는 마술사 시대의 가장 마지막을 장식한 사람이었다.

돕스는 결국 뉴턴이 원한 것은 신을 이해하는 일이었으며, 뉴턴에게는 연금술 또한 물질계에서 현재 진행형으로 이루어지는 신의 활동을 관찰하고 연구하는 도구였다고 썼습니다. 그리고 뉴턴은 그 목표를 위해서라면 자신이 동원할 수 있는 모든 것, 곧 수학, 실험, 관찰, 이성은 물론이며 계시(신이 인간에게 인간의 힘으로는 도저히 알아낼 수 없는 일을 보여 주는 일), 역사 기록, 신화, 토막토막 남은 고대 예지의 잔해 등 온갖 출처에서 증거를 모았다고 적었습니다.

결국 뉴턴은 현자의 돌을 발견하지는 못했습니다. 하지만 누구보다도 간절히 현자의 돌을 원했겠죠. 그는 1692년 1월 26일에 친구 존 로크에게 다음과 같은 편지를 보냈습니다.

나는 로버트 보일 씨가 나뿐만 아니라 자네에게도 붉은 흙과 수은의 제조법을 알려 주었으며, 죽기 전에 그의 친구에게 그 흙을 소량 만들어 주었다는 사실을 알고 있다네, 존 로크.

여기서 말한 붉은 흙은 현자의 돌을 의미합니다. 그의 친구란 넌지시 로크를 가리킨 말이었으며, 자신에게 붉은 흙을 나누어 주지 않겠냐는 바람을 담아 편지를 썼던 것입니다.

코페르니쿠스, 갈릴레오 갈릴레이, 케플러, 뉴턴은 모두 열성적인 기독교도였고, 뉴턴뿐만 아니라 코페르니쿠스, 케플러 역시 신비주의 사상을 믿었습니다.

케인스는 연금술이 행해졌던 마술의 시대와 그렇지 않은 이성의 시대로 시대를 구분했습니다. 그러나 당시 과학자의 사고에는 천체 운동이나 물체의 역학 운동과 같은 기계론적인 부분과 종교(신과 인간의 영혼과 같은 영적인 것들과 관련된), 마술, 연금술, 생물의 생장과 발효 등과 같은 비기계론적인 부분이 혼재했을 겁니다. 기계론이란 모든 현상을 기계적인 법칙에 따라서 설명하려는 사고 방식입니다.

연금술에서도 마찬가지였을 겁니다. 기존에 바탕이 되었던 마술적인 부분, 그 영향을 받아 이루어진 연금술 조합 덕분에 증가한 물질의 성질과 변화에 관한 박물학적 지식이 한데 혼재되어 있었을 겁니다.

뉴턴이 로크에게 보냈던 편지에 등장하는 로버트 보일은 보일의 법칙(온도가 일정할 때 기체의 압력과 부피는 반비례한다)으로 유명한 영국의 화학자이자 물리학자로, 역시 연금술에 푹 빠져 있었습니다. 암호를 이용해 은밀하게 기록했던 노트를 보면 현자의 돌을 찾고 싶어서 최선을 다했던 모습이 그려집니다. 뉴턴이 '보일이라면 현자의 돌을 만들었을 것'이라고 믿었을 정도였지요.

그러나 보일은 《회의적 화학자The Sceptical Chymist: or Chymico-Physical Doubts & Paradoxes》를 완성하고, 원소의 정의를 새로 내렸습니다. 아리스토텔레스의 4원소설과 파라셀수스의 3원질설을 비판한 그는 근대 화학의 시조로 불립니다. 보일에 관해서는 4장에서 다시 다루겠습니다.

연금술사의 생활

16~17세기의 벨기에 화가 대大 피터르 브뤼헐Pieter Brueghel the Elder이 연금술사 작업장의 생생한 모습을 그림으로 남겼습니다. 다양한 도구가 어지러이 놓인 실험실을 배경으로 한 그림에는 휘

몰아치는 욕심을 품고 작업에 열중하는 인간 군상이 자세히 표현되어 있습니다.

그 무렵 사람들은 연금술에 더는 가망이 없다고 판단해 희망을 내려놓기 시작했습니다. 브뤼헐의 그림은 비참한 생활을 하는 연금술사의 모습을 담았습니다. 혼란스러운 실험실은 연금술사의 혼란스러운 정신 상태를 나타냅니다. 오른쪽 창문 아래에서 학자로 보이는 인물이 여러 권의 두꺼운 연금술서를 읽고 있습니다. 이 모습은 연금술서를 아무리 많이 읽더라도 결국엔 헛수고로 그치리라는 사실을 암시합니다. 왼쪽에는 화로들이 보입니다. 도가니를 이용해 가열과 증류를 하는 모습입니다. 왼쪽에 소쿠리 같은 모양의 모자를 쓴 인물은 연금술사로, 구멍 난 누더기를 입고 비쩍 마른 등을 내보이고 있습니다. 한가운데 앉은 여성은 연금술사의 아내로, 곡물 자루를 열어 보지만 안은 텅 비어 있습니다. 그 옆에 풀무로 바람을 일으키며 불을 지피는 조수가 보입니다. 창문 왼쪽으로는 아이들이 보입니다. 먹을 걸 찾아 벽난로 앞 선반을 뒤져 보지만, 텅 빈 요리용 솥밖에 없는지 그것을 뒤집어쓴 아이도 있습니다. 브뤼헐은 창밖으로 연금술사 일가가 아이들의 손을 끌고 구빈원에 찾아가는 모습을 그렸습니다.

그의 그림은 당시 말기 상태에 이르렀던 연금술 상황을 보여 줍니다. 연금술은 몇 세기가 지나도록 금속을 금으로 바꾸는 첫걸음이 될 현자의 돌을 발견하지 못하면서 쇠퇴했고, 이윽고 근대 화학

대 피터르 브뤼헐, 〈연금술사(The Alchemist)〉 미국 메트로폴리탄 미술관 소장

을 탄생시켰습니다.

19세기 화학자 유스투스 폰 리비히Justus F. von Liebig(1803~1873)
는 이렇게 말했습니다.

"현자의 돌에 얽힌 수수께끼가 없었다면 화학은 지금의 모습을
갖추지 못했을 것이다. 왜냐면 현자의 돌이 존재하지 않는다는 사
실을 발견하기 위해서 학자들은 지구상 모든 물질을 자세히 조사
해야 할 필요가 있었기 때문이다."

4

진공과 기체의
발견

17세기에 인류는 공기에 무게가 있다는 사실과 진공의 존재를 발견했습니다. 진공의 발견은 고대 철학자가 주장했던 '자연은 진공을 싫어한다'라는 논조를 뒤집는 것이었습니다. 18세기에는 공기에 관한 연구가 활발히 이루어졌고, 단일 성분으로 여겨졌던 공기에서 다양한 공기들이 연달아 발견되었습니다. 이윽고 이 다양한 공기는 일반적인 공기와 구별되어 기체(가스)로 불리게 되었습니다.

산업의 발달과 동시에 금속 사용량도 점점 더 늘어났습니다. 광석을 파내기 위한 구덩이 또한 점점 더 깊어져 갔고요. 사람들은 구덩이 깊은 곳에서 솟아오르는 지하수를 수동 펌프로 길어 올렸습니다. 그런데 구덩이의 깊이가 약 10m를 넘어가면 물을 펌프로 퍼낼 수가 없습니다. 그래서 당시에는 깊은 구덩이 중간중간 물을 모아 두고, 여러 단의 펌프를 설치해 간신히 물을 길어 올렸습니다. 왜 물은 약 10m 깊이까지만 길어 올릴 수 있을까요?

이 문제를 갈릴레오 갈릴레이가 말년에 두었던 제자인 이탈리아의 에반젤리스타 토리첼리Evangelista Torricelli(1608~1647)가 해결했습니다. 토리첼리는 펌프-물기둥-수면의 모습을 이미지화해 이렇게 생각했습니다.

'우리 인간은 공기의 바다 밑바닥에 살고 있다. 공기에는 무게가 있다. 공기의 무게가 물을 밀고 있기 때문에(수면에 대기압이 작용하기 때문에) 물이 펌프로 밀려 올라간다. 따라서 펌프는 물기둥의 무게가 아래로 미는 힘과 대기압에 따라 위로 밀려 올라오는 물의 힘의 균형이 딱 일치하는 높이까지만 물을 길어 올릴 수 있다.'

공기에 무게가 있다는 것은 갈릴레이가 이미 실험에서 확인한 사실이었습니다.

1643년, 토리첼리는 같은 부피일 때 물보다 13.6배 무거운 수은

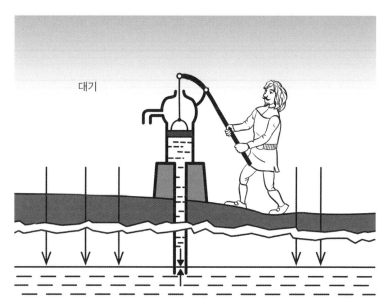

대기

대기압이 펌프 속으로 물을 밀어 올린다.(토리첼리의 견해)

을 사용해 앞선 가설을 증명하는 실험을 했습니다. 한쪽 끝이 막힌 유리관에 수은을 가득 채운 후 닫습니다. 유리관의 막힌 쪽이 위로 가도록 거꾸로 세워서 수은이 담긴 또 다른 용기에 넣고, 닫아 두었던 부분을 열어 줍니다. 그러면 유리관을 가득 채우고 있던 수은이 용기의 액체 표면에서 약 76cm 높이가 되는 지점까지 뚝 떨어집니다. 이 결과는 수은의 경우 대기압으로 지탱할 수 있는 높이가 76cm라는 사실을 시사합니다. 수은은 물보다 13.6배 무겁기 때문에 1기압에서 물이 밀려 올라가는 높이는 76cm의 13.6배, 즉 약 10.3m가 됩니다.

토리첼리 실험의 최대 성과는 진공의 발견입니다. 수은이 유리관에서 액체 표면을 향해 떨어지면서 유리관 위쪽에 공간이 생깁니다. 이 공간은 원래 수은이 있던 자리이므로 공기가 존재하지 않습니다. 바로 어떠한 물질도 존재하지 않는 공간인 진공이 발생한 겁니다.

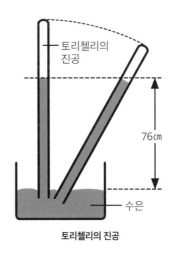

토리첼리의 진공

고대 그리스 철학자 데모크리토스가 '만물은 원자와 공허(진공)로 이루어져 있다'라는 원자설을 주장했을 때, 그는 '아무것도 없는 공간은 없다, 자연은 진공을 싫어한다'라고 비판받았습니다. 게다가 당시에 데모크리토스는 진공이 존재함을 구체적으로 밝혀내지 못했죠. 그러나 토리첼리의 실험 덕분에 데모크리토스가 주장했던 원자설 속 진공의 존재가 구체적으로 발견되었습니다.

토리첼리 실험 재현하기

중고등학교 과학 교사로 일했던 시절, 저는 과학 실험 수업 때 학생들과 위와 같은 수은 기둥 실험을 했습니다. 또 이제부터 소개하는 것과 같은 방법으로 물의 경우도 직접 실험하곤 했습니다.

우선 철물점 등에서 살 수 있는 무색투명한 비닐 호스(안지름 10㎜) 12m를 준비합니다. 그리고 절연용 테이프를 사용해 호스에 50㎝ 간격으로 눈금을 표시해 줍니다.

다음으로 양동이에 물을 채웁니다. 호스의 한쪽 끝은 양동이 속에 넣고, 다른 한쪽 끝은 수도꼭지에 끼운 다음 물을 틀어 호스 안에 가득 채웁니다. 호스에 물이 꽉 차면 수도꼭지에서 빼내고 고무마개로 막은 다음 철사로도 단단히 묶습니다. 고무마개를 끼우지 않은 쪽은 계속 양동이 물속에 놓아둡니다. 그러면 호스 안은 물만 있고 공기가 들어 있지 않은 상태가 됩니다.

이제 고무마개를 끼운 쪽을 일자로 쭉 들어 올립니다. 학교에서 실험할 때는 계단 가운데 뻥 뚫린 공간을 활용해서 1층에서 위층까지 들어 올렸습니다. 호스 길이가 12m이므로, 한 층 높이가 3m 정도인 건물이라면 호스 저쪽 끝을 담근 양동이는 1층 바깥에 두고, 고무마개를 끼운 호스 끝은 대략 4층 베란다쯤에서 들고 있으면 됩니다.

이때 3층 높이를 넘어서면서부터는 호스 위쪽이 납작해지는 것을 볼 수 있습니다. 절연 테이프로 표시한 눈금을 확인해 보면, 10m 부근을 넘어가는 지점부터 호스가 찌그러드는 모습이 보입니다. 토리첼리의 실험 결과와 같이 물기둥이 대략 10m까지 버티는 것을 눈으로 확인할 수 있습니다.

투명한 호스를 유심히 들여다보면 물속에서 거품이 살짝살짝 올라오는 것을 관찰할 수 있습니다. 기체는 압력이 높을수록 물에 많이 녹아 있는데, 호스를 높이 들어 올리면 압력이 낮아지므로 녹아 있을 수 없게 된 공기가 바깥으로 나오는 거죠. 호스 위쪽의 납작해진 부분에도 녹아 있지 못해서 빠져나온 소량의 공기와 그 온도에 따른 포화 수증기가 존재하지만, 매우 낮은 기압 때문에 납작해진 상태는 그대로 유지됩니다.

파스칼과 게리케의 진공 및 압력 연구

현재 사용하는 압력 단위 파스칼Pa은 프랑스의 철학자이자 수학자이며 물리학자였던 블레즈 파스칼Blaise Pascal(1623~1662)의 이름에서 따왔습니다.

토리첼리의 실험 이야기를 전해 들은 파스칼은 '만약 수은주(수은 기둥)가 공기 무게가 미치는 압력을 나타낸다면, 높은 산에서는 평지보다 산의 고도만큼 공기 무게가 낮아질 테니 수은주의 높이도 낮아지지 않을까?'라고 생각했습니다. 1648년, 파스칼의 매형 페리에Florent Perrier가 토리첼리의 수은주 실험 장치를 들고 산에 올라 측정했더니 고도가 1천m가량 높아지면 수은주가 약 8.5cm가량 떨어진다는 결론이 나왔습니다. 이에 따라서 토리첼리의 수은

주를 기압계로도 사용할 수 있다는 사실을 발견합니다.

수은주로 혈압을 재던 과거의 수은 혈압계는 이제 전자식 혈압계로 대체됐지만, 혈압의 단위는 여전히 수은주밀리미터(mmHg)를 사용합니다.

1623년에 태어난 파스칼은 서른아홉 젊은 나이에 죽었습니다. 어릴 때부터 천재성을 발휘해 열두 살 때 이미 독학으로 기하학의 기초를 깨쳤고, 스무 살 남짓에는 현재 컴퓨터의 조상이라 할 수 있는 기계식 계산기 '파스칼린Pascaline'도 발명했습니다. 현존하는 가장 오래된 기계식 계산기입니다.

파스칼이 한 말 중에 "자연에서 인간은 가장 나약한 갈대 하나에 지나지 않는다. 그러나 인간은 생각하는 갈대다."라는 유명한 구절이 있습니다. 인간은 작고 보잘것없으며 연약한 존재지만, 생각한다는 점에서 무엇보다 고귀하다고 주장한 거죠.

그의 이름이 압력 단위가 된 이유는 압력에 관해 여러 가지 연구를 했기 때문입니다. 파스칼은 '밀폐된 액체나 기체 일부에 압력을 가하면 그 압력이 액체나 기체 모든 곳에 똑같은 크기로 전달된다'라는 파스칼의 원리를 발견했습니다. 파스칼의 원리에 따라서 지면 부근에 1기압만큼 작용하는 공기 무게는 아래 방향뿐만 아니라 위와 양옆 방향으로도 똑같은 크기로 전달된다고 이야기할 수 있습니다. 실내는 실외보다 기압이 약할까요? 그렇지 않습니다. 바깥에 있을 때와 마찬가지로 실내에 있을 때도 우리 온몸에는

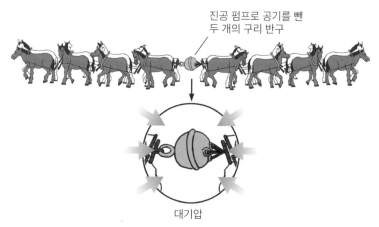

진공 펌프로 공기를 뺀
두 개의 구리 반구

대기압

말 열여섯 마리의 힘으로 간신히 구를 분리

마그데부르크의 반구 실험

다양한 방향에서 기압이 전달되고 있습니다.

비슷한 무렵, 독일에서도 재미있는 실험이 이루어졌습니다. 마그데부르크의 반구Magdeburg Hemispheres라고 불리는 실험입니다. 당시 마그데부르크시의 시장이었던 오토 폰 게리케Otto von Guericke(1602~1686)는 발명을 좋아하는 학자였습니다. 1650년에 그는 피스톤과 역류 방지 밸브가 부착된 실린더로 공기를 퍼낼 수 있는 진공 펌프를 만들었습니다. 게리케는 토리첼리의 실험에 관해서는 몰랐던 모양입니다.

게리케가 유명해진 것은 1654년에 했던 공개 실험 마그데부르크의 반구 덕분인데, 이 실험은 신성 로마 제국 황제 페르디난트

3세Ferdinand III를 비롯한 많은 구경꾼 앞에서 이루어졌습니다.

　실험에 사용된 커다란 반구는 구리로 만들어졌습니다. 그는 테두리가 꼭 들어맞는 속이 빈 두 개의 반구를 붙인 다음, 진공 펌프를 사용해 구 안쪽의 공기를 모두 빼냈습니다. 그리고 각각의 반구에 말 여덟 마리씩을 연결했습니다. 게리케가 신호를 보내자 말들은 서로 반대 방향으로 구를 끌어당겼습니다. 그러나 아무리 채찍질을 해서 세차게 당겨도 반구는 떨어지지 않았습니다. 다시 반구와 말을 분리한 뒤에 반구에 부착되었던 레버를 풀자, '슈~욱' 소리와 함께 구로 공기가 들어갔습니다. 그러자 구는 자연스럽게 두 개로 갈라졌습니다. 이것은 진공이 실제로 가진 힘을 알 수 있는 흥미로운 실험이었습니다.

가스에 이름을 붙여 준
얀 밥티스타 판 헬몬트

　2장에서 소개했던 벨기에의 얀 밥티스타 판 헬몬트는 버드나무 실험으로 말미암아 물이 유일한 원소라고 생각하게 됐습니다. 물이 다른 것으로 변할 때는 공기가 틀림없이 중요한 역할을 할 것으로 생각했고요. 그래서 그는 공기와 공기의 성질을 연구했습니다.

　연금술사들은 이미 우리 주변에 가득한 일반적인 공기와는 달리, 악취를 뿜는 등 다른 성질을 가진 공기가 존재함을 알고 있었습니다. 또 다양한 향료나 기름 따위가 증기가 되는 것도 알고 있었습니다. 증기는 우리가 아는 공기와는 다르다고 생각해 '스피릿(Spirit, 영혼 혹은 정신)'이라고 불렀습니다. 스피릿은 실험실에서 곧잘 사용하는 개념이었기 때문에 실험실에서 사용하는 물질 중 잘 증발하는 액체, 즉 알코올을 가리키게 됐습니다. 현재 증류주를 스피릿이라고 부르는 데는 이러한 역사가 있습니다.

헬몬트는 금속을 산에 녹여도 형태만 변한 채 산 속에 존재하며, 산에서 금속을 다시 뽑아내면 원래 무게만큼의 금속을 얻을 수 있다는 사실도 증명했습니다.

그는 62파운드(약 28.12㎏)의 나무를 태워 보았습니다. 그러자 1.1온스(약 0.03㎏)의 재가 남았습니다. 이때 발생한 증기(이산화 탄소)는 눈으로 보기에는 일반적인 공기와 비슷해 보였지만, 그 증기를 모은 용기에 양초를 넣자 불이 꺼졌습니다. 즉 나무에 '공기와 비슷한 것'이 포함되었다고 생각한 헬몬트는 그것을 '나무의 스피릿'이라고 부르고, 와인이나 맥주 등의 발효, 알코올의 연소 때 생기는 '공기와 비슷한 것'으로 생각했습니다. 헬몬트는 더 많은 실험을 통해 공기 외에도 '공기와 비슷한 것'이 다양하게 존재한다는 사실을 발견했습니다. 연금술사이기도 했던 그는 고대 그리스 신화가 우주의 시작을 무질서한 카오스(혼돈)로 보았던 것에 착안해 '공기와 비슷한 것'을 카오스라고 부르기로 했습니다. 그런데 헬몬트가 살았던 지역에서는 파열음을 거센소리로 세게 발음하는 경향이 있어 카오스는 가오스로 받아들여졌고, 결국 그의 사후에 출판된 지시《의학의 기원Ortus Medicinae》에서 가스Gas라는 이름을 얻게 되었습니다.

근대 화학의 시조 보일의 미립자론

3장에서 뉴턴을 소개한 꼭지에 잠시 등장했던 로버트 보일Robert Boyle(1627~1691)은 중고등학교 과학 교과서에 반드시 등장하는 보일의 법칙으로 유명합니다. 보일의 법칙이란 일정한 온도에서 기체의 부피를 반으로 나누려면 두 배의 압력이 필요하다는 원리, 즉 기체의 압력과 부피는 서로 반비례한다는 법칙입니다. 기체를 압축하는 압력을 세 배로 늘리면 부피는 3분의 1이 됩니다. 보일은 마그데부르크시장 오토 폰 게리케가 발명한 진공 펌프를 사용해서 이 법칙을 발견했습니다.

로버트 보일

1650년대 초반, 보일은 당시 연금술사에게서 철저한 주입식 교육으로 연금술의 지식과 기술을 배웠습니다. 그러나 나중에 연금술의 신비롭고 마술적이며 의인적인 면을 모두 제거하고 실험적인 방법을 중시해야 한다는 생각을 저서《회의적 화학자》를 통해 밝히고, 아리스토텔레스의 4원소설, 파라셀수스의 3원질(황, 수은, 소금)설 등을 비판했습니다.

보일을 다양한 실험으로 이끈 생각은 '물체는 물리적으로 나누어 쪼갤 수 없는 작고 단단한 미립자로 이루어져 있다'라는 미립자론(보일의 독자적인 원자설)이었습니다. 그의 논리에 따르면, 미립자란 자연을 쌓아 올리고 있는 벽돌로, 그것들이 결합해서 큰 덩어리가 되며 이 덩어리들이 종종 화학 반응의 단위가 된다고 했습니다.

예컨대 그는 인을 분리하는 방법을 완성해 공기의 화학적 연구에 인을 이용했습니다.

보일은 산과 염기를 연구하고, 지시약을 만들어 사용했습니다. '산은 1. 신맛이 나고, 2. 많은 물질을 녹이며, 3. 이끼에서 추출한 유색 색소(리트머스)를 붉은색으로 바꾸고, 4. 염기와 반응하면 가지고 있던 모든 성질을 잃는 물질'이라고 정의했습니다.

보일의 연구 중에서 당시 사람들에게 가장 큰 영향을 미친 것은 주석 등의 금속을 레토르트에 넣고 재(산화물, 금속회)가 될 때까지 가열했을 때 무게가 늘어나는 원인을 밝혀낸 것입니다. 보일이 미립자론을 바탕으로 설명한 '유리를 통과한 불의 미립자가 들어가 금속과 결합했기 때문'이라는 발상은 앙투안 라부아지에Antoine

Laurent Lavoisier(1743~1794)가 이 실험의 오류를 비판하기 전까지 약 100년간 많은 화학자에게 받아들여졌습니다.

보일은 런던에 막 설립된 왕립 학회The Royal Society of London for the Improvement of Natural Knowledge 회원이 되었습니다. 왕립 학회는 1662년에 국왕 찰스 2세의 허가를 받았으며, 자연을 연구하는 새로운 학문을 사랑하는 사람들의 모임입니다. 과학자들에게는 가장 오래된 학회이기도 하며, 현재도 존속하고 있습니다.

실험 결과가 틀릴 때도 있었지만, '실패도 포함하여 실험 결과를 보고하는 것이 화학적 방법의 기본'이라 주장했던 보일의 실험 중시 자세는 그 후 화학자들에게 강한 자극을 주었습니다. 오늘날 그는 근대 화학의 시조로 불립니다.

연소는 플로지스톤이 날아가는 일?

18세기 초, 독일의 게오르크 에른스트 슈탈Georg Ernst Stahl(1659~1734)은 '불에 타는 물질은 재와 플로지스톤◆으로 이루어져 있으

◆ Phlogiston, 물질과 산소가 화합할 때 빛과 열을 내는 연소 현상을 설명하기 위해 상정했던 물질로, 현재는 부정된다. 플로지스톤이라는 이름의 기원이 '타오르다'라는 뜻의 그리스어 단어인 데서 착안해 일본에서는 이를 연소(燃素)로, 우리나라에서는 열소(熱素)로 번역하기도 한다.

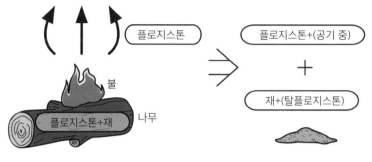

플로지스톤설

며, 물질이 타는 것은 플로지스톤이 방출되기 때문'이라는 설을 주
창했습니다. 양초, 목탄, 기름, 황, 금속 등 모든 연소하는 물질에
는 플로지스톤이라는 물질이 들어 있어서 연소할 때 튀어나온다
는 겁니다. 예를 들어 숯은 불에 타면 재가 조금밖에 남지 않으므
로 플로지스톤을 많이 가진 물질이라고 생각했습니다. 금속도 연
소하면 재가 되므로 금속은 재와 플로지스톤이 결합해서 이루어
진 물질로 보았습니다.

　연소에서 '불타는 물질 −열소＝재'와 같은 일이 일어난다고 설
명한 플로지스톤설은 18세기 말까지 지배적인 이론이었습니다.
그러나 이 이론으로는 금속이 타서 금속회가 될 때 무거워지는 이
유를 잘 설명할 수 없었습니다. 플로지스톤이 마이너스 질량을 가
졌다거나 연소 과정에서 불의 입자가 들어가 질량이 늘었다는 식
으로 설명해야 했지요.

결국 플로지스톤설은 라부아지에가 연소의 정체를 밝혀내면서 무너집니다. 연소가 불타는 물질과 산소의 결합임을 증명하자 마이너스 질량을 가진 연소 운운할 필요가 없어졌습니다. 라부아지에에 관한 이야기는 5장에서 다시 하겠습니다.

이산화 탄소와 산소의 발견

18세기 중반, 영국 스코틀랜드 에든버러 대학교에 조지프 블랙 Joseph Black(1728~1799)이라는 교수가 있었습니다. 블랙은 열역학의 토대를 만든 사람입니다.

1756년, 블랙은 나뭇재(탄산 칼륨)와 석회석(탄산 칼슘) 등의 화학 반응을 연구하면서 틈틈이 저울을 사용해 무게를 기록했습니다. 이 과정에서 고체 안에 고정된 공기Fixed Air가 들어 있는 것을 발견했습니다. 블랙의 동료 화학자는 자기 저서 서문에 '공기처럼 밀도가 옅은 물질이 단단한 돌의 상태로 존재하고 그것이 돌의 성질을 크게 변화시키다니, 이처럼 이상한 일이 또 있을까'라고 적었습니다. 단단한 돌이란 탄산 칼슘으로 이루어진 석회석과 대리석 따위를 말합니다.

고정된 공기는 이산화 탄소를 말합니다. 블랙은 이 고정된 공기가 일반 공기에 포함되어 있다는 것을 발견했습니다. 비커에 석회

수(수산화 칼슘 수용액)를 넣어 공기에 노출하면 표면에 하얀 가루 같은 것이 생기는데, 이 가루를 모아서 산을 부으면 석회석처럼 거품을 내면서 녹습니다. 이로써 석회석과 같은 물질임을 알 수 있었고요.

요즘 과학 교과서에는 기체가 이산화 탄소인지 아닌지를 확인하는 방법으로, 석회수에 기체를 통과시켜서 하얀 침전이 생기면(하얗게 탁해지면) 이산화 탄소가 맞다는 내용이 실려 있습니다.

블랙은 고정된 공기를 기체의 한 종류로서 더 자세히 알아보려고 하지는 않았습니다. 하지만 그로부터 10년가량이 지나서 영국의 헨리 캐번디시Henry Cavendish(1731~1810)가 수상 치환水上置換으로 고정된 공기를 모아서 그 밀도를 측정했습니다.

1772년, 영국의 대니얼 러더퍼드Daniel Rutherford(1749~1819)는 호흡과 연소 때문에 일반적인 공기에서 제거된 나머지 기체가 불연성이며, 그 안에서는 동물이 살 수 없다는 이유를 들어 '독 공기'라고 이름 붙였습니다. 이것은 질소입니다.

1774년, 영국의 조지프 프리스틀리Joseph Priestley(1733~1804)가 《각종 공기에 관한 실험과 관찰Experiments and Observations on Different Kinds of Air》이라는 책을 냈습니다. 프리스틀리는 수은 치환법을 통해서 다양한 기체를 모으고 각각의 성질을 조사했습니다. 물에 잘 녹아서 수상 치환으로 모을 수 없는 기체도 수은 치환법을 사용하면 모을 수 있었습니다.

프리스틀리는 이산화 탄소를 물에 녹인 물은 천연 탄산수와 같은 맛이 난다고 기록했습니다. 다시 말해 인공 소다수(탄산수)를 마신 최초의 사람은 프리스틀리라고 말할 수 있겠죠. 물에 녹이면 염산이 되는 염화 수소 가스나 암모니아 가스도 연구했지만, 그의 최대 발견은 산소 가스입니다.

금속 수은을 접시에 넣고 가열하면 조금씩 증발하는데, 이때 표면에 적황색 가루 같은 것이 생깁니다. 이것이 산화 수은입니다. 산화 수은은 더 높은 온도로 가열하면 또다시 금속 수은으로 돌아갑니다. 프리스틀리는 산화 수은에서 산소 가스를 분리해 냈습니다. 우선 수은을 넣은 시험관에 산화 수은을 넣고, 수은을 가득 채운 용기 속에 거꾸로 세웁니다. 산화 수은은 수은보다 가볍기 때문에 시험관 꼭대기로 이동합니다. 그렇게 시험관 꼭대기에 모인 산화 수은에 커다란 볼록 렌즈를 대고 햇빛을 모아 가열하자 산화 수은에서 기체가 나와 시험관 위쪽에 모였습니다.

프리스틀리가 그 기체를 빼내 모은 용기에 양초를 넣고 불을 붙이자 양초는 눈부신 빛을 내며 힘차게 타올랐습니다. 1774년 8월 1일의 일이었습니다. 이 기체 안에서는 생쥐도 활발히 움직이며 돌아다녔습니다. 프리스틀리는 기체에 '플로지스톤이 없는 공기'라는 뜻의 '탈플로지스톤 공기Dephlogisticated air'라는 이름을 붙였습니다.

사실 프리스틀리보다 1년 먼저 산화 수은에서 똑같은 기체를 발견한 사람이 있었습니다. 스웨덴 화학자 칼 빌헬름 셸레Carl Wilhelm Scheele(1742~1786)가 그 주인공으로, 자신이 발견한 기체에 '불 공기Feuerluft, Fire air'라는 이름을 붙였습니다. 산소 가스는 셸레가 더 일찍 발견했지만, 인쇄소의 실수로 프레스틀리의 연구가 세상에 먼저 발표됐습니다.

'탈플로지스톤 공기'나 '불 공기'를 보면 당시 기체의 이름을 짓는 방식에 보일의 불의 입자설과 플로지스톤설이 영향을 미쳤음을 알 수 있습니다.

인간을 혐오한 캐번디시

고정된 공기(이산화 탄소)의 밀도를 측정했던 헨리 캐번디시는 과학사에 다양한 연구 성과를 남긴 훌륭한 화학자입니다.

케임브리지 대학교의 대표적인 물리학 연구소인 캐번디시 연구소에 그 이름이 붙여졌을 정도입니다. 이 연구소는 캐번디시와 그 일족의 공적을 기리며, 학자이자 산업가이며 케임브리지 대학교 총장이었던 제7대 데번셔공Duke of Devonshire 윌리엄 캐번디시의 기부를 바탕으로 설립됐습니다. 캐번디시 연구소는 옥스퍼드 대학교 클라렌든 연구소와 영국 내에서 쌍벽을 이루는 유명한 연구소입니다.

헨리 캐번디시는 1731년 영국 귀족 찰스 캐번디시의 장남으로 남프랑스 니스에서 태어났습니다. 뉴턴이 사망한 지 4년째 되던 해입니다. 케임브리지 대학교에서 4년 동안 공부했지만, 졸업 시험을 보지 않고 대학을 그만두었습니다.

그 후 아버지와 큰아버지에게 막대한 유산을 상속받아 잉글랜드 은행 최대 주주에 오르는 등 거대한 부를 거머쥐었습니다. 금전 면에서 완전히 무관심했지만, 유산 덕분에 불편함 없이 과학 연구에 몰두할 수 있는 데 만족했습니다.

캐번디시는 매우 독특한 사람이었습니다. 신경질적이고 내향적(사람도 싫어함)이었으며, 특히 여성 혐오자였습니다. 그의 내향성은 병적일 정도였다고 합니다. 구닥다리 복장을 하고 다니는 그를 두고 '저 사람 인생의 목표는 남의 주목을 받지 않는 일'이라는 소문이 났습니다. 심각한 여성 혐오 때문에 자신과 눈이 마주친 하녀를 해고하거나, 하녀와 계단에서 스치고 싶지 않아서 집 뒤에 여성 전용 계단을 만들도록 직접 명령하기도 했습니다. 당연히 평생 독신이었습니다.

몇 안 되는 친구 대부분은 화학자였습니다. 그의 사교 생활은 왕립 학회 클럽에서 식사하는 일과 왕립 학회 회장인 조지프 뱅크스가 여는 토요일 오후 모임에 나가는 일이 고작이었습니다. 그럴 때도 역시 남이 말을 거는 것을 좋아하지 않아서, 함께 참가했던 사람들은 그에게 말도 걸지 않았고, 심지어 보고도 못 본 척을 해야

했습니다.

단 한 장만이 남겨진 그의 초상화는 현재 런던 영국박물관에 있는데, 화가 윌리엄 알렉산더William Alexander가 그렸습니다. 알렉산더는 왕립 학회 회장인 뱅크스에게 "나를 왕립 학회 오찬회에 초대해 주십시오. 자리는 캐번디시가 잘 보이는 곳으로 배정해 주십시오."라고 부탁해 허락을 받아 냈습니다. 이렇게 해서 알렉산더는 캐번디시의 얼굴과 모습을 스케치할 수 있었습니다.

헨리 캐번디시

괴짜 화학자의 위대한 공적

캐번디시는 세상에 굳이 자신의 업적을 선전할 생각이 없었던 모양입니다. 수소를 발견하고, 물과 공기를 조성하는 결정을 발견했으며, 만유인력 상수 G를 최초로 측정하고, 다양한 전자기학 실험과 연구를 하는 등 물리와 화학 분야에 많은 업적을 남겼습니다. 그런데 업적 대부분이 그의 사후에 발표되었습니다.

1766년, 캐번디시는 금속과 산이 반응하면 가벼운 기체가 발생하며, 그 기체와 공기의 혼합 기체에 불을 붙이면 폭발해서 물이 생기는 현상을 발견했습니다. 캐번디시는 플로지스톤설을 믿는 사람이었기 때문에 이 실험에서 발생한 가벼운 기체를 플로지스톤 그 자체, 혹은 플로지스톤과 공기가 결합한 무언가라고 생각했습니다. 이 기체는 오늘날 우리가 잘 아는 수소입니다.

질소와 산소를 결합해 물과 반응시키면 질산을 얻을 수 있습니다. 캐번디시는 1785년에 이 방식을 응용해 밀폐 용기에 가두어 둔 일반 공기에 스파크 반응을 일으켜서 산소와 질소를 제거하자 용기 안에 소량의 비활성 기체가 남는 것을 발견했습니다. 이 기체가 오늘날 우리가 알고 있는 아르곤입니다.✦

캐번디시는 실험을 통해 지구의 무게(질량)를 구한 최초의 학자이기도 했습니다. 1797년부터 다음 해에 걸쳐서 아주 작은 인력引力을 무척 세심하게 측정해 냈습니다. 나무로 만든 길이 186cm의 장대 양쪽 끝에 730g의 작은 납 공을 부착하고, 각각 22.5cm 떨어진 160kg의 커다란 납 공과의 사이에서 작용하는 인력을 측정했습니다. 측정된 인력은 매우 약해서, 작은 납 공에 작용하는 중력의 약 5천만분의 1에 불과했습니다. 그는 이 결과를 바탕으로 지구의 질

✦ 아르곤은 19세기 말 영국의 레일리가 관찰 실험을 통해 발견했고, 그 공적을 인정받아 노벨 물리학상을 수상했다. 캐번디시는 이 발견보다도 100년여 이른 시점에 이미 아르곤의 존재를 발견했던 셈이다.

량을 60해 톤(60조 톤의 1억 배), 지구의 평균 밀도를 5.448g/㎤로 구하여 1798년 왕립 학회에 보고했습니다. 실험실에서 지구 질량을 구한 것입니다.

당시에는 만유인력 상수를 구하고자 하는 인식이 없었지만, 이후 캐번디시의 실험 데이터에서 만유인력 상수가 구해졌습니다.

5

라부아지에의 화학 혁명과
돌턴의 원자설

'화학 혁명의 아버지'로 불렸던 앙투안 라부아지에는 조지프 프리스틀리가 '탈 플로지스톤 공기', 칼 빌헬름 셸레가 '불 공기'라고 불렀던 공기 중의 기체에 산소 라는 이름을 붙였습니다. 또 연소는 가연 물과 산소가 결합하는 일이라는 연소 이론과 '더 이상 화학적으로 분해할 수 없 는 기본 성분으로서의 원소' 서른세 가지를 정리한 원소표를 발표하는 등 새로운 원소관을 확립했습니다. 연금술에 머물 렀던 화학은 이와 함께 당당한 자연 과학의 한 분야가 되었고, 원자설도 점차 받아들여졌습니다. 또 19세기 영국의 존 돌턴이 근대적인 원자설을 제창하면서 원자량을 구할 수 있게 됐습니다.

플로지스톤설을 쓰러트린
라부아지에의 화학 혁명

프랑스 화학자 앙투안 라부아지에Antoine-Laurent de Lavoisier(1743~1794)는 프리스틀리보다 10년 후, 셀레보다 1년 후인 1743년에 태어났습니다. 프리스틀리와 셀레는 새로운 물질을 찾기 위한 실험을 거듭해 다양한 물질을 발견했으나, 라부아지에가 발견한 물질은 없습니다. 그런데도 그는 '화학 혁명의 아버지', '근대 화학의 아버지'로 불립니다. 산소의 작용을 설명하고, 연소 이론을 확립하고 원소의 개념을 밝혀냈으며, 과학적인 명명법을 확립해서 화학의 기초를 닦았기 때문입니다.

라부아지에가 스물아홉 살 때 했던 실험 중에 '펠리컨 실험'이라는 것이 있습니다. 그는 유리 세공 직인에게 요상하게 생긴 실험용 유리병을 만들어 달라고 의뢰했고, 그 유리병을 '펠리컨'이라고 불렀습니다.

유리나 도기 그릇에 물을 담아 오랫동안 가열하면 희

앙투안 라부아지에와 그의 부인 마리 앤 화학과 회화를 배운 부인은 라부아지에의 연구를 도왔다.

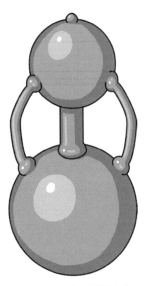

이상한 모양의 유리병 '펠리컨'

고 몽글한 침전물이 생기고, 물을 완전히 증발시키면 하얀 가루가 남습니다. 그래서 당시 많은 학자가 물을 끓이면 흙이 된다고 믿었습니다. 라부아지에의 펠리컨 실험은 이 가설을 확인하기 위해 이루어졌습니다.

여러 번 증류한 순수한 물을 펠리컨에 넣고 101일 동안 가열하자 침전물이 많이 생겼습니다. 이것을 식힌 후에 전체 무게를 쟀습니다. 그런 다음 침전물을 여과하고 잘 말려서 다시 무게를 잽니다. 여과한 물속에도 앞으로 흙이 될 물질이 포함되어 있었을 테니 물을 증발시켜서 생긴 침전물의 무게를 잰 겁니다. 펠리컨도 잘 말려서 무게를 쟀습니다. 그 결과 (여과지에 걸러진 침전물의 무게+가열된 물에서 생긴 침전물의 무게)와 (실험 전 펠리컨의 무게 – 실험 후 펠리컨의 무게)가 같은 것을 확인했습니다. 즉 물이 흙으로 변한 것이 아니라 유리병의 유리가 녹아 침전물이 되었다는 사실을 확인할 수 있었던 거죠.

라부아지에는 이처럼 화학 연구에 정밀도가 높은 저울을 활용해 정확한 무게를 구함으로써 화학 변화를 살피는 연구 방식을 늘 고수했습니다.

플로지스톤설을 추방한 연소 이론의 확립

라부아지에는 과거에 보일이 '레토르트 안에서 금속 주석을 태워 금속회를 만들면 무게가 더 무거워지는 이유는 불의 미립자가 유리를 뚫고 레토르트 안으로 들어가 주석에 달라붙었기 때문'이라고 설명했던 실험을 재현했습니다. 우선 주석을 넣은 레토르트의 입구를 막아서 무게를 재고, 볼록 렌즈로 주석을 태워 금속회를 만듭니다. 바로 가열을 멈추고 전체 무게를 측정하니 질량에는 변화가 없었습니다. 그래서 라부아지에는 금속회가 무거워졌던 이유를 레토르트 속 공기가 주석에 흡수되었기 때문일 것으로 생각했습니다.

인으로도 실험했습니다. 수은 위에 작은 접시를 놓고 인을 올려서 태웠습니다. 인은 불에 타서 하얀 가루가 되었지만, 무게는 늘지 않았습니다. 공기는 약 5분의 1이 줄었고, 남은 공기에는 더 이상 연소를 일으키는 성질이 남아 있지 않았습니다.

1774년 10월 어느 날, 영국에 있던 프리스틀리가 파리에 찾아와 환영회가 열렸는데, 그 자리에서 프리스틀리는 '탈플로지스톤 공기' 이야기를 꺼냈습니다. 이야기를 들은 라부아지에는 달구어진 금속이나 인과 결합하는 것의 정체가 바로 '탈플로지스톤 공기'가 아닐까 생각했습니다.

이 가설을 확인하려고 라부아지에는 그림과 같은 실험 장치를

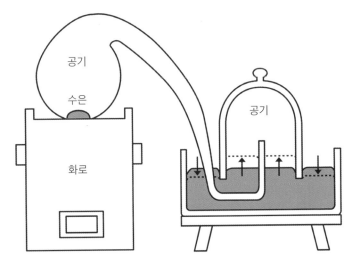

라부아지에의 실험 레토르트 속의 수은이 재(산화 수은)가 되면 유리 종 안 공기는 줄어들고, 수은 면이 상승한다.

준비했습니다.

수은을 넣은 레토르트 입구를 다른 용기에서 수은 면을 덮고 있는 유리 종 안으로 넣습니다. 즉 레토르트 속에 수은과 공기가 갇혀 있고, 유리 종 안으로만 입구가 열린 겁니다. 이 상태로 날이면 날마다 낮이고 밤이고 화로로 끊임없이 레토르트를 가열했습니다. 그리고 유리 종 속 공기의 부피와 수은 재의 무게를 잰 다음, 수은 재를 가열해서 생긴 기체(프리스틀리가 말한 탈플로지스톤 공기)의 부피를 측정했습니다. 그러자 그 부피가 수은 재가 생길 때 흡수되었던 공기의 부피와 같은 것을 알 수 있었습니다.

라부아지에는 이 결과를 두고 '공기는 물질을 태우며, 금속을 재로 변화시키는 기체 A와 연소에는 관계하지 않는 기체 B로 이루어져 있다', '연소 때 불에 타는 물질과 기체 A가 결합하면 새로운 물질이 만들어진다'라고 판단했습니다. 이제 더는 연소를 설명할 때 플로지스톤설을 거론할 필요가 없게 된 것입니다.

라부아지에는 일단 기체 A에 '생명의 공기'라는 이름을 붙였다가 취소하고 다시 산소 가스라는 이름을 붙였습니다.

라부아지에는 연소를 연구하며 커다란 볼록 렌즈로 햇빛을 모아 다이아몬드를 태우는 실험도 했습니다. 다이아몬드는 다 타면 이산화 탄소가 됩니다.

탄소, 황, 인 등을 태우면 이산화 탄소(탄산 가스), 이산화 황(아황산 가스), 십산화 사인(P_4O_{10}, 인산)과 같은 산성 물질이 되므로 '산을 만드는 것Oxygenes'이라는 뜻을 가진 그리스어에서 기원한 산소Oxygen라는 이름을 붙였던 것이죠. 그러나 그의 생각과는 달리 훗날 염산(염화 수소의 수용액)에는 산소가 들어 있지 않으며, 산의 원소는 수소임이 밝혀집니다.

원소의 정의와 체계적인 명명

라부아지에는 원소에 관한 보일의 발상을 바탕으로 원소를 '화학 분석이 도달한 현실적 한계'라고 정의했습니다. 하나의 원소가 더는 화학적으로 분해할 수 없는 기본 성분이라는 뜻입니다. 그는 분석 기술 등이 발전하면 과거에는 분석하지 못해 원소로 여겼던 물질도 언젠가 화합물이었음을 증명할 수 있는 날이 올 거라 예견했습니다. 오늘날에는 여러 가지 원소가 결합한 물질을 화합물, 하나의 원소만으로 이루어진 물질을 홑원소 물질이라고 부릅니다.

예컨대 라부아지에는 괴짜 화학자 헨리 캐번디시가 발견했던 '불타는 공기'가 홑원소 물질이 틀림없을 거로 생각했습니다. 불타는 공기는 산소와 결합하면 물이 되는데, 물(수증기)을 가열한 철 파이프에 통과시키면 수소를 만들 수 있습니다. 그렇게 만들어진 수소는 더 이상 다른 물질이 될 수 없습니다. 따라서 그는 '불타는 공기'를 '물을 만드는 원소, 즉 수소'라고 부르기로 합니다.

1789년에 라부아지에가 쓴 저서 《화학 원론Traité élémentaire de chimie》에는 그가 작성한 원소표가 실려 있습니다. 거기에 언급된 서른세 가지 원소 중 '마그네시아(산화 마그네슘)'와 '석회(산화 칼슘 또는 수산화 칼슘)'를 포함한 여덟 개가 훗날 화합물로 밝혀집니다.

이 원소표의 완전한 오류는 '열(칼로릭, 열소)'과 '빛'을 원소로 본 점입니다. 라부아지에는 원소인 '열'은 무게가 없지만, 액체나 기체와 똑같이 행동한다고 생각했습니다. 산소 가스가 실제로는 산소와 열로 이루어진 화합물이라고 잘못 생각하기도 했습니다. 열과 빛이 원소가 아니라는 사실은 훗날 물리학자들이 연구를 통해 밝혀냈습니다.

라부아지에는 원소 개념을 명확히 세웠는데, 새로운 원소는 산소나 수소처럼 오직 화학적 성질을 바탕으로 이름을 짓도록 했습니다. 또 화합물은 그것을 구성하는 원소의 이름을 조합해서 이름 붙이게 했습니다. 이 명명법에 따라서 '백연'은 납과 산소로 이루어져 있으므로 '일산화 납'(현재는 산화 납II), '냄새나는 가스'는 황과 수소로 이루어져 있으므로 '황화 수소 가스'가 되었습니다.

라부아지에가 단두대에 오른 이유

1789년 7월 14일, 분노로 가득 찬 파리 사람들이 바스티유 감옥으로 몰려들었습니다. 이 순간부터 시작된 프랑스 혁명은 결국 루이 16세가 단두대의 이슬로 사라지고 공화제가 선언되는 것으로 끝을 맺습니다.

라부아지에는 화학 연구뿐만 아니라 정부를 대신해 세금을 거두는 징세 청부인 일을 했고, 도시와 정부의 행정 문제에도 직업적으로 관여하고 있었습니다.

혁명이 일어나기 몇 년 전, 야심에 불타는 젊은 언론인 장 폴 마라Jean-Paul Marat가 프랑스 과학 아카데미에 논문을 제출한 일이 있었습니다. 불의 성질에 관한 내용이었는데, 플로지스톤설이 한창 이목을 끌던 시절이었다면 주목받았을지 몰라도 라부아지에의 연구 이후로는 어떤 가치도 없는 논문이었습니다. 라부아지에는 그 논문에 과학적인 가치가 없다고 선고하는 역할을 맡았죠. 이 일은 라부아지에를 향한 증오를 절대로 잊지 않을 적을 만들었습니다.

혁명 시기에 자코뱅파 주요 멤버가 된 마라는 라부아지에를 거세게 공격했습니다. 자코뱅파가 권력을 쥐자마자 라부아지에는 체포되었고, 이듬해 재판에 넘겨졌습니다. 재판관은 "공화제에 과학자는 필요 없다."라며 사형을 선고했고, 라부아지에는 그날 곧바로 단두대에 올랐습니다. 향년 50세였습니다.

라부아지에의 화학 혁명을 이어 간 돌턴

과학 교과서에서 원자 이야기를 할 때 반드시 언급되는 이름 중 영국의 존 돌턴John Dalton(1766~1844)이 있습니다.

가난한 농가에서 태어난 그는 집안 형편에 보탬이 되려고 무려 열두 살의 나이에 직접 교습소를 운영하는 교사가 되었습니다. 후에 정식 학교 교사가 되기도 했지만, 대부분은 작은 개인 교습소에서 학생들을 가르치는 교사로 지냈습니다.

◆　프랑스 혁명 때 파리 자코뱅 수도원을 본거지로 하여 급진적 공화주의를 주장했던 세력. 프랑스 혁명을 주도하고 공포 정치를 실시했으나, 후에 테르미도르 반동으로 타도됐다.

열이 에너지의 일종임을 밝혀낸 줄의 법칙으로 유명한 영국 물리학자 제임스 줄James P. Joule(1818~1889)도 돌턴에게 개인 교습을 받은 학생 중 한 명입니다.

직장에 소속되어 일을 하다 보면 이것저것 잡무가 생기게 마련입니다. 그는 그 시간이 아까워서 불과 6년 만에 정식 교사를 그만두었습니다. 평생 독신을 고수하며 아이들에게 과학과 수학을 가르쳐 생계를 유지했으며, 사치를 싫어해서 검소하게 살았습니다. 매우 정확하고 규칙적인 일과를 보내기로 유명해서 근처에 사는 이웃들이 그가 바깥 기온을 측정하려고 창문을 여는 시각을 시계 대신 삼았을 정도였습니다.

기상 연구에서 원자설로

돌턴은 기상 관측을 좋아하는 사촌의 영향을 받아 직접 기상 관측기구를 만들었습니다. 이것을 사용해 매일 기압과 기온 등을 측정하고 기록했지요. 그는 이 일이 무척 마음에 들었는지 죽기 직전까지 무려 57년간 기록을 남겼습니다. 돌턴은 기상 관측을 하면서 대기와 기체에 관한 생각에 빠졌습니다.

당시 화학에서는 공기 중에 밀도가 다른 산소와 질소가 고도가 달라져도 잘 섞여 있는 이유가 큰 수수께끼였습니다. 상식적으로

존 돌턴

생각하면 대기 아래쪽에는 밀도가 높은 산소가 깔리고, 그 위로 밀도가 좀 더 낮은 질소가 깔려서 층을 만들 것만 같지만, 실제로는 이 기체들이 어느 지점에서나 같은 비율로 어우러져 있다는 사실이 당시 이미 밝혀져 있었습니다.

돌턴은 1810년에 왕립 연구소Royal Institution에서 강연을 준비하며 노트에 이렇게 적었습니다.

오랫동안 기상 관측을 꾸준히 해 오면서 나는 대기의 성질과 성분에 관해 두루두루 다양하게 생각해 왔다. 특히 내가 신기하게 생각한 것은 두 종류 혹은 그보다 많은 종류의 기체가 어우러져서 이루어진 공기 속에 이 기체들이 늘 같은 비율로 들어 있고, 부피와 압력의 관계 등에서도 같은 법칙을 따른다는 사실이다.

뉴턴의 《프린키피아》◆를 읽어 보면 기체는 미립자, 즉 원자로 이루어져 있으며, 이 미립자들끼리 가까워지면 서로를 강하게 밀어낸다고 적혀 있다.

당시에는 대기를 만들고 있는 기체가 어떠한 종류의 화학 결합을 통해서 존재한다는 설이 유력했습니다.

돌턴은 밀도가 다른 산소와 질소가 고도가 달라져도 함께 어우러져 있는 이유를 뉴턴의 원자에 관한 발상을 이용해 어떻게든 설명하고 싶었습니다. 그 설명을 위해서 돌턴은 일관된 관점에서 다음 두 부분을 해결하고자 했습니다.

1. 기체는 물질의 종류에 따라서 결정된 입자로 이루어져 있다. 산소 가스는 산소 원자로, 수증기는 산소 원자와 수소 원자가 결합한 입자로 이루어져 있는 것처럼.
2. 원자(복합 원자, 즉 분자도 포함해서)는 자기 주변에 마치 지구의 대기처럼 열소의 분위기를 가지고 있다. 이 열소 분위기가 바로 입자끼리 반발하는 원인이다.

여러 실험과 고찰을 시도한 끝에 그가 다다른 결론은 '산소와 질소 등은 원자의 크기가 다른 게 아닐까' 하는 것이었습니다. 여기에서 돌턴이 말한 '원자의 크기'란 중심의 단단한 입자와 그 주위

♦ 《자연 철학의 수학적 원리(Philosophiæ Naturalis Principia Mathematica)》, 아이작 뉴턴이 1687년에 7월에 출판한 세 권짜리 라틴어 도서로, 당시까지의 서양 과학사와 자기 연구를 집대성한 물리학서다. '프린키피아(the Principia)'로 줄여 부르기도 한다.

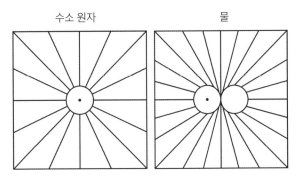

수소 원자　　　　　　　물

돌턴이 상상했던 원자와 화합물

에 있는 열소 분위기를 통틀어 가리킵니다. 그 열소를 두고 돌턴은 성분이 한 종류인 기체 안에서는 모든 원자가 다 같은 크기이므로 밀착한 채로 정지해 있다고 생각했습니다. 안으로 다른 기체의 원자가 들어오면 크기가 다르므로 밀착한 채로 정지해 있지 못하고 확산해서 마침내 균질한 혼합 기체가 된다는 거죠.

돌턴은 이렇게 해서 '원자는 그 종류에 따라서 정해진 크기를 가진다'라는 가설에 도달했습니다.

원자량을 구하다

돌턴은 친구 윌리엄 헨리William Henry(1775~1836)와 공동으로 연구해서, 일정한 온도에서 기체가 액체에 용해될 때 그 용해도는 기체의 압력에 비례한다(헨리의 법칙)는 사실을 밝혀냈습니다. 나아가 이듬해인 1803년에는 기체의 종류에 따라서 용해도가 다른 이유를 기체의 '원자의 질량과 개수'의 차이에서 찾았습니다.

기체의 용해도를 비교해 보니 무거운 기체(무거운 입자로 이루어져 있어 기체가 무거운 것으로 추정함)일수록 용해도가 커 보였습니다. 그래서 그들은 입자의 무게와 용해도는 틀림없이 관계가 있을 것으로 생각했고, 그 가설을 확인하려면 각 원자의 질량을 구하면 되겠다고 판단했습니다. 그중 가장 가벼운 기체인 수소 가스에 포함된 수소 원자의 질량을 1로 잡고, 산소나 질소 등은 각각 1의 몇 배 질량을 가졌는지 구하려고 했습니다. 이것은 요즘 말로 원자량을 구하는 일이었지요.

전제는 모든 물질이 각각 질량과 형태가 완전히 똑같은 원자로 이루어져 있다는 것이었습니다.

수소와 산소는 대략 1:8의 질량비로 화합해 물이 됩니다. 돌턴은 실험에서 여러 차례 헛물을 켜서 처음에는 1:5.5의 비율, 나중에는 1:7의 비율로 시도했지만, 우리는 수소와 산소의 정확한 비율이 1:8인 것을 알아 둡시다.

당시에는 수소 원자와 산소 원자가 몇 개씩 결합해야 물이 되는지 알지 못했기 때문에 원자 개수의 비율을 1:1로 가정했습니다. 즉 수소 원자의 질량을 1로 보았을 때 산소 원자의 질량은 8이 됩니다. 그러면 수소의 원자량은 1, 산소의 원자량은 8입니다. 그

113

러나 수소의 원자량은 1, 산소의 원자량은 16이므로, 돌턴의 생각에는 오류가 있었습니다. 바로 최대 단순성의 원리Rule of Greatest Simplicity(두 개의 원소에서 딘 하나의 화합물이 생기는 경우, 결합하는 원사 개수의 비율은 1:1이다)이라는 가정 위에 있었기 때문입니다.

1803년 9월 6일, 돌턴은 노트에 세계 최초의 원자량표를 적었습니다. 신기하게도 그날은 돌턴의 생일이었습니다. 이론의 내용은 맨체스터 문예 철학 학회Manchester Literary and Philosophical Society에서 여러 차례 구두로 발표한 후, 1805년에 공개된 〈물과 기타 액체들의 기체 흡수에 관하여On the Absorption of Gases by Water and other Liquids〉라는 논문에서 발표했습니다.

이 논문에서 그는 "물체의 궁극 입자* 의 상대적 질량 탐구는 내가 아는 한 완전히 새로운 과제다. 나는 최근 이 연구를 강행하는 과정에서 눈부신 성과를 얻었다."라고 말했습니다.

나아가 돌턴은 화학에 관한 학설들을 저서《화학의 새로운 체계》(총 2부, 1부는 1808년에 출간)에 정리했습니다. 책에는 원자량에 관한 내용이 열 꼭지에 걸쳐 실려 있습니다.

◆   Ultimate Particles, 존 돌턴이 말한 궁극의 입자는 당시까지 더 이상 쪼갤 수 없는 물질의 최소 단위로 인식되었던 '원자'였다.

돌턴이 계산한 원자량은 현대의 원자량과는 매우 다릅니다. 그 차이의 커다란 원인은 물질을 이루고 있는 원자 개수의 비율을 자의적으로 정한 데 있었습니다.

당시 화학계에서는 프랑스 화학자 조제프 루이 프루스트Joseph Louis Proust(1754~1825)가 1799년에 '일정 성분비 법칙'을 발표한 후였습니다. 이것은 '정비례 법칙'이라고도 하며, 모든 화합물에서 화합물을 구성하는 각 성분 원소의 무게비는 일정하다는 법칙입니다.

프루스트는 화학의 대가인 클로드 루이 베르톨레Claude Louis Berthollet(1748~1822)와 격렬한 논쟁의 불꽃을 튀기기도 했습니다. 베르톨레는 성분의 구성이 연속적으로 변하는 화합물 계열을 여럿 만들어 보이며 일정 성분비 법칙을 공격했습니다. 이에 프루스트는 그것이 단지 두 종류의 혼합물이며, 각각을 순수하게 만들면 일정 성분비 법칙을 따르는 것을 증명했습니다. 덕분에 8년의 세월 동안 이어진 논쟁에서 결국은 프루스트가 승리했습니다. 그러나 훗날 일정 성분비 법칙을 따르지 않는 또 다른 화합물들이 여럿 발견되었는데, 그것들은 오늘날 비화학량론적 화합물 Berthollide Compound(베르톨라이드 화합물)이라고 부릅니다.

프루스트의 일정 성분비 법칙은 돌턴의 원자설을 이론적으로 강력하게 뒷받침했고, 원자설 또한 프루스트의 승리를 지원하는 역할을 했습니다.

돌턴은 같은 두 개의 원소가 결합해서 만드는 여러 종의 화합물에서, 한 원소의 일정량과 결합하는 다른 원소의 양 사이에는 간단한 정수비가 존재한다는 '배수 비례의 법칙(상호 비례의 법칙)'을 발표했습니다. 이 법칙 역시 물질이 원자로 이루어져 있다는 전제를 깔고 생각하면 이해가 쉽습니다.

원자량 발표 당시의 반응과 현대 과학에 세운 공로

결국 돌턴은 원자량표를 발표했지만, 원자량을 정확하게 구하지는 못했습니다. 왜냐하면 두 개의 원소로 단 하나의 화합물만 만들어질 때, 결합하는 원자 수의 비가 1대 1이라는 가정(최대 단순성의 원리)이 없으면 원자량을 산출할 수 없었기 때문입니다. 당시에도 실험적으로 증명되지 않은 최대 단순성의 원리에는 강한 비판이 일었습니다.

돌턴은 실제 원자량을 구하는 데는 불충분했지만, 원자량을 탐구하는 일이 화학 연구에 매우 중요하다는 사실을 꿰뚫고 있었습니다. 돌턴이 원자량표를 발표한 후 과학계에는 원자량 탐구의 불이 지펴졌고, 그들이 토대를 닦은 원자설은 이후 화학 발전의 기초가 되었습니다. 따라서 계기를 제공한 돌턴의 공로가 큰 거죠.

돌턴의 원자량을 계기로 그 후 100년이란 오랜 세월에 걸쳐서 원자량 탐구가 이루어졌습니다. 그 덕분에 현재는 원자량을 매우 정확하게 산출할 수 있습니다.

돌턴이 제창했던 당시의 원자설은 다음과 같이 정리할 수 있습니다.

지구상의 모든 물질은 원자로 이루어져 있습니다. 생물의 몸, 즉 우리의 몸도 원자로 이루어져 있습니다.

원자는 다음과 같은 성질을 가지고 있습니다.

- 원자는 매우 작다.

- 원자는 매우 가볍다.

- 원자는 현재 상태에서 더 쪼갤 수 없다.

- 같은 종류의 원자는 모두 같은 크기와 질량을 가진다. 종류가 다르면 크기와 질량이 다르다. 즉 원자는 종류에 따라서 질량과 크기가 결정된다.♦

- 원자는 쉽게 다른 원자로 바뀌거나 없어지거나 새롭게 만들어지지 않는다.

♦ 현재는 원자를 원자핵, 전자, 중성자 등으로 쪼갤 수 있으며, 원자 번호는 같아도 질량수가 다른 동위 원소가 존재한다는 사실이 밝혀졌다.

아보가드로의 법칙과 분자의 개념

산소 가스와 수소 가스의 분자는 O, H인가? O_2, H_2인가? 물의 분자는 HO인가? H_2O인가 하는 문제는 화학자들을 고민에 빠뜨렸습니다. 이 답이 명확하지 않으면 정확한 원자량을 결정할 수가 없었습니다. 현재는 산소 가스, 수소 가스, 물의 분자가 O_2, H_2, H_2O로 알려졌지만, 이 문제가 시작되고 화학자들이 확인을 마칠 때까지 반세기 가까운 시간이 걸렸습니다.

돌턴이 원자량 결정법을 처음 발표하고 8년 뒤인 1811년, 이탈리아의 아메데오 아보가드로Amedeo Avogadro(1776~1856)가 아보가드로의 법칙을 발표했습니다. '온도와 압력이 같을 때, 모든 기체는 같은 부피 속에 같은 수의 분자를 포함하고 있다'라는 내용입니다. 또 이 법칙에서는 수소와 산소 등의 기체는 원자 두 개가 결합한 분자로 이루어져 있다고 했습니다.

이 아이디어는 발표 당시에 별다른 반향을 일으키지 못했습니다. 그러나 1860년 이탈리아 화학자 스타니슬라오 카니차로 Stanislao Cannizzaro가 독일 라인강 부근 도시 카를스루에에서 열린 국제회의에 참가해 아보가드로의 법칙을 소개하면서 화학자들에게 타당성을 인정받게 됩니다.

아보가드로의 법칙에 따르면 같은 온도, 같은 압력, 같은 부피 속의 기체에는 같은 개수의 분자가 들어 있으므로 같은 온도와 같

은 압력에서 같은 부피 기체의 무
게를 비교하면 분자 하나의 상대
질량(분자량)을 구할 수 있습니다.

예컨대 수소 기체는 수소 원자 2개
가 결합한 분자, 산소 기체는 산소
원자 2개가 결합한 분자로 이루어
진다면, 수소 원자의 상대 질량(원
자량)이 1일 때 산소 원자의 상대
질량(원자량)은 16이 됩니다.

아메데오 아보가드로

이 이후로 분자는 물질의 기본 구성단위이자 일반적으로 복수
의 원자가 결합해서 이루어지는 입자로 여겨지기 시작했습니다.
예를 들어 산소(O_2), 수소(H_2), 질소(N_2), 염소(Cl_2) 등은 각각 원자가
두 개씩 결합한 분자로 이루어져 있고, 이산화 탄소(CO_2)는 탄소
원자 1개와 산소 원자 2개, 물(H_2O)은 수소 원자 2개와 산소 원자
1개, 자당($C_{12}H_{22}O_{11}$, 설탕의 주성분으로 정식 명칭은 수크로스)은 탄소 원
자 12개와 수소 원자 22개, 산소 원자 11개가 결합한 분자로 이루
어져 있습니다.

예전에는 모든 물질의 기본 단위가 단순한 분자일 것으로 여겨
졌지만, 금속이나 이온으로 이루어진 물질(염화 나트륨 등)에는 소
수의 원자로 이루어진 독립된 분자가 존재하지 않는다는 사실이
밝혀졌습니다.

현재의 원소 기호를 고안한
베르셀리우스

원자의 종류를 한 글자나 두 글자의 알파벳 기호로 표기하는 것이 원소 기호입니다. 원자 종류는 118종류(2023년 10월 현재)인데 알파벳은 총 26문자이니 하나의 원소에 알파벳 한 글자씩 붙여 주면 스물여섯 종류까지만 표기할 수 있죠. 그래서 두 글자를 사용하는 원소도 있습니다.

돌턴은 원소를 ○기호로 표기했습니다. ○ 안에 점을 찍거나 선을 긋거나 색칠해서 구별했는데, 예를 들어 산소는 ○, 수소는 ○ 가운데에 점을 찍은 ⊙, 탄소는 ○를 검게 색칠한 ●입니다. 황은 ○안에 십자(+)를 넣었습니다. 돌턴이 이런 기호를 고안한 것은 1803년의 일이었습니다.

그로부터 10년 뒤, 스웨덴 화학자 옌스 야코브 베르셀리우스 Jöns Jakob Berzelius(1779~1848)가 원소를 한 글자 혹은 두 글자의 알파벳 머리글자로 나타내는 방법을 고안했습니다.

당시 돌턴은 원자가 둥근 알갱이 형태라는 것에 집착해 베르셀리우스의 표기법을 반대했습니다. 죽을 때까지 쭉 거부했을 정도입니다. 그는 "베르셀리우스의 기호는 원자설의 아름다움과 간결함을 흐리게 한다."라고 비판했습니다.

그러나 베르셀리우스의 원소 기호가 훨씬 편리했던 까닭에 돌턴의 기호는 결국 버림받았습니다.

원소 기호는 처음엔 원소 이름의 머리글자만 대문자로 표기했지만, 새로운 원소가 속속 발견되면서 같은 머리글자를 가진 원소가 나왔습니다. 그래서 머리글자 하나와 이어지는 글자 하나를 써서 두 개의 글자로 나타냈는데, 이것은 돌턴의 표기법보다 뛰어났습니다. 현재도 베르셀리우스가 고안한 원소 기호가 만국 공통으로 사용됩니다.

수소 H는 그리스어로 '물을 만드는 것Hydro+Gennao'이란 말의 머리글자, 탄소 C는 라틴어 '목탄Carbo'의 머리글자, 산소 O는 그리스어 '산을 만드는 것Oxy +Gennao'의 머리글자에서 왔습니다. 금

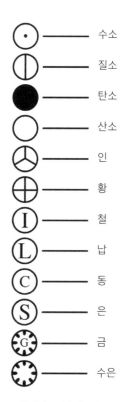

⊙	수소
	질소
●	탄소
○	산소
	인
⊕	황
Ⓘ	철
Ⓛ	납
Ⓒ	동
Ⓢ	은
Ⓖ	금
	수은

돌턴이 고안한 원소 기호

Au는 금을 뜻하는 라틴어 아우룸Aurum◆에서 기원했습니다. 원소 기호에 금의 찬란한 빛을 담은 겁니다. 은은 빛 반사율이 가장 높은 금속으로, 잘 닦아 윤을 내면 백금보다 더 강렬한 빛을 낼 수 있

◆ 아우룸은 또한 황금 마차를 타고 아침을 여는 새벽의 여신 에오스와 기상 현상인 오로라를 의미하는 그리스어 아우로라(Aurora)에서 유래한 단어이기도 하다.

습니다. 그래서 은 Ag는 라틴어로 '하얀 반짝임'을 뜻하는 단어 아르젠텀Argentum에서 왔습니다. 동 Cu도 키프로스를 뜻하는 라틴어 거프럼Cuprum에서 유래했는데, 당시 동은 지중해 키프로스섬에서 생산했기 때문에 키프로스의 지명이 기호가 되었습니다. 수은 Hg 는 '액체인 은Hydrargyrum'을 뜻하는 라틴어 단어에서 차용되었습니다. 그 밖에도 사람이나 나라의 이름 등 원소 기호의 어원은 다양합니다.

베르셀리우스의 전기 화학적 이원론

베르셀리우스는 이탈리아의 알레산드로 볼타Alessandro Volta (1745~1827)가 1800년에 발명한 전지를 사용해 다양한 용액을 전기 분해해 보았습니다.

가령 황산 구리 수용액에서는 음극에서 구리, 양극에서 산소가 나오는데, 베르셀리우스는 '황산 구리의 성분인 구리는 전기적으로 플러스(+)'라고 생각했습니다. 다른 화합물에서도 비슷한 결과를 얻었기 때문에 그는 '모든 화합물은 전기적으로 (+) 성분과 (−) 성분으로 이루어져 있으며, 각각이 가지는 반대 전기로 인해 결합하고 있다'라고 생각했습니다. 이를 전기 화학적 이원론 Electrochemical Dualism이라고 합니다. 이 생각은 전기 분해 사실에

들어맞았고, 산과 염기로 이루어지는 소금의 성분 결합을 설명할
수 있었습니다. 다만 유기 화합물이나 수소와 산소가 이원자 분자
인 사실과는 맞지 않았습니다.

이러한 한계 때문에 현재 전기 화학적 이원론은 양이온과 음이
온으로 만들어지는 이온 결합이라는 한정적인 경우에만 살아남아
있습니다.

돌턴의 색각 연구

돌턴은 최초로 색각色覺을 연구한 사람이기도 했습니다. 스스로
가 타고난 색각 이상자(적록 색각 이상)였기 때문입니다. 그는 붉은
색, 주황색, 노랑색, 초록색을 구별하지 못하고 모든 것을 회색 또
는 선명하지 않은 연갈색으로만 보았습니다. 그래서 '어머니께 파
란빛이 도는 단정한 회색 스타킹을 선물했는데, 알고 보니 새빨갛
고 화려한 스타킹이었다더라' 하는 실패담을 여럿 남겼습니다.

돌턴은 자신의 색각 이상이 눈 안쪽에 있는 액체가 빛의 붉은
부분을 흡수해 버리기 때문이라고 믿었습니다. 그래서 자신이 죽
으면 안구를 떼어 검사해 달라는 유언을 남겼습니다. 돌턴의 사후
친구였던 의사 랜섬Joseph A. Ransome이 실제로 한쪽 안구를 떼어
내서 검사한 결과, 안구 자체는 정상적인 안구와 차이가 없음을 확

123

인했습니다. 돌턴의 생각이 틀렸다는 걸 확인한 셈입니다. 색각 이상의 발견자인 돌턴을 기리는 의미로 적록 색맹을 영어로 돌터니즘Daltonism이라고 합니다.

현재의 원자량

원자가 존재하는지 아닌지도 몰랐던 시대에 과학자들은 상상력과 실험 결과를 근거로 한 논리로 원자 무게(질량)를 정했습니다.

방법은 단순했습니다. 어느 한 원자의 무게를 기준으로 잡았을 때, 다른 원자는 기준 원자와 비교하면 몇 배가 되는지 확인하는 거죠. 그렇게 얻을 수 있는 원자 무게는 '이 원자는 몇 그램'과 같이 절대적인 무게가 아닌, 상대적인 질량입니다. 이러한 원자의 상대적인 질량을 원자량이라고 합니다. 대략 말해 원자량은 가장 가벼운 수소 원자의 무게를 1로 두고, 내가 알고 싶은 원자가 수소 원자보다 몇 배 무거운지 파악하는 식입니다.

가장 처음에 기준이 되었던 것은 제일 가벼운 수소 원자 1이었습니다. 그다음에 산소 16이 기준이 되었다가 1961년 이후로는 '질량수(＝양성자 수＋중성자 수) 12인 탄소 원자(탄소-12)의 질량 12'가 기준이 되었습니다.

따라서 각 원자의 상대 질량은 (원자 한 개의 질량)÷(탄소-12

한 개의 질량)×12가 됩니다. 예를 들어 수소 원자(질량수 1)의 상대 질량은 수소 원자 한 개가 $1.67×10^{-24}$g, 탄소-12 한 개가 $1.99×10^{-23}$g이니 $1.67×10^{-24}$g÷$1.99×10^{-23}$g×12＝1.00이 되므로, 탄소-12의 12분의 1임을 알 수 있습니다.

자연계에 존재하는 많은 원소는 복수의 동위 원소를 포함하며, 동위 원소의 존재비는 일정하게 유지되고 있습니다. 그러므로 평균 상대 질량을 가진 원자를 가정해서 원소의 상대 질량, 즉 원소의 원자량으로 봅니다.

예를 들어 볼까요? 염소에는 질량수 35인 염소-35(^{35}Cl)와 질량수 37인 염소-37(^{37}Cl)이 각각 75.8%, 24.2% 존재합니다. 각 동위 원소의 상대 질량에 존재비를 곱한 값을 더하고 평균을 내서 원자량을 구합니다. 35에 (75.8/100)을 곱한 값에, 37에 (24.2/100)를 곱한 값을 더하면 염소의 원자량은 약 35.5가 됩니다.

산의 정체는 수소 이온

연소 이론을 확립한 앙투안 라부아지에가 근대 화학의 문을 열자, 산酸의 본체를 구성 원소에서 구하려는 경향이 나타났습니다. 라부아지에는 산을 특징짓는 원소로 '산소'를 떠올렸습니다. 당시 학자들은 산을 산성 산화물에 중성인 물이 결합한 것으로 믿었습니다. 산은 반드시 산소를 포함하며, 산성의 원인은 산소와 원소의 비금속성에 있다고 생각했던 겁니다.

식염과 황산을 원료로 만들어지는 염산도 당연히 산소를 가지는 화합물일 거라 믿었습니다. 그래서 염산이 산소를 가지지 않는 염화 수소의 수용액임이 밝혀졌을 때 화학자들은 곤혹했습니다.

산의 공통 성질이 무엇일까 고민하던 유기 화학의 원조인 유스투스 폰 리비히는 산을 '금속 원소로 치환되는 수소가 있는 화합물'로 정의했습니다. 예를 들면 아연은 황산과 반응해서 황산 아연과 수소가 됩니다. 즉 황산의 수소는 아연으로 치환되어 분리됩니다. 이처럼 산의 수소가 금속으로 치환되면 산성이 사라지거나 약해집니다.

따라서 산성은 수소 때문인 것으로 밝혀졌습니다.

그러나 수소를 구성 원소로 가지는 모든 화합물이 산성을 가지는 것은 아닙니다. 예를 들어 메테인(CH_4)은 네 개의 수소 원자를, 에탄올(C_2H_5OH)은 여섯 개의 수소 원자를 가지고 있는데, 아연처럼 금속으로 치환할 수 있는 수소 원자는 한 개도 없습니다.

이 차이가 분명해진 것은 19세기 말 스웨덴의 스반테 아레니우스Svante A. Arrhenius(1859~1927)가 전리설Theory of Electrolytic Dissociation을 주창하면서부터입니다. 염화 나트륨처럼 그 수용액이 전기를 흘리는 물질을 전해질이라고 합니다. 전리설에서는 예를 들어 전해질인 염화 나트륨이 수용액 속에서 나트륨 이온이라는 양이온(플러스 전기를 가진 이온)과 염화물 이온이라는 음이온(마이너스 전기를 가진 이온)으로 전리되어(이온화되어) 있습니다.

전리설에서는 산을 수용액에서 수소 이온을 내주는 물질로 봅니다. 즉 산인지 아닌지는 물질을 구성하고 있는 수소 원자가 수용액에서 이온화해서 수소 이온이 되느냐 되지 않느냐에 따라서 결정됩니다.

산성은 수소 이온 H⁺(정확하게 말하면 옥소늄 이온 H₃O⁺) 때문임이 밝혀졌습니다. 이렇게 해서 아레니우스가 내린 산의 정의가 화학계에서 시민권을 얻었고, 지금까지 수용액을 설명할 때 가장 이해하기 쉬운 이론으로 널리 알려졌습니다.

염기鹽基란 '소금鹽을 만드는 기초基'라고 쓰는 것처럼, 산과 중화해서 소금을 만드는 물질이라는 뜻입니다. 화학적으로는 산의 반대 물질이며, 실제로 산과 중화해서 소금과 물을 만듭니다(물이 생기지 않을 수도 있습니다).

알칼리의 '칼리'는 재灰라는 뜻입니다. 원래는 아랍인이 육지 식물의 재(주성분은 탄산 칼륨)와 바다 식물의 재(주성분은 탄산 나트륨)를 한데 묶어 붙인 이름이었는데, 이후 '염기 중 물에 잘 녹는 것(수산화 나트륨, 수산화 칼륨 등)'에 한정해서 알칼리라고 부르게 되었습니다. 주로 알칼리 금속(주기율표 1족의 리튬부터 아래로), 알칼리 토류 금속(주기율표 2족)의 수산화물을 가리키지만, 알칼리 금속인 탄산염과 암모니아도 종종 알칼리로 부릅니다.

6

새로운 원소 발견과
주기율표의 예언

18세기, 볼타 전지를 이용한 전기 분해와 분광 분석법 등으로 새로운 원소가 속속 발견됐습니다. 새로운 원소를 찾는 여정은 주기율표의 등장으로 최고조에 달했습니다. 원소의 원자량 증가와 함께 주기적으로 나타나기 시작한 원소 간 성질의 유사성이 주기율표상에서 체계화되었기 때문입니다.

험프리 데이비가 발견한 일곱 가지 원소

영국의 화학자 험프리 데이비Humphry Davy(1778~1829)는 새로운 원소로 나트륨, 칼륨, 스트론튬, 칼슘, 마그네슘, 바륨, 붕소를 발견했습니다.

1807년에는 250장의 금속판을 사용한 역사상 가장 강력한 화학 전지를 만들었습니다. 이 전지를 이용해서 라부아지에는 분석할 수 없는 원

험프리 데이비

소라고 생각했던 수산화 칼륨과 수산화 나트륨의 전기 분해를 시도했습니다. 처음에는 이들 수용액에 전류를 흘렸더니 물밖에 분해되지 않았습니다. 그래서 물을 제거해 가열한 후 융해한 물질에 다시 전류를 흘렸습니다. 이 방법을 사용해서 금속 칼륨과 나트륨 결정을 얻었습니다.

은색 금속인 칼륨은 물에 넣으면 쉭쉭 격렬한 소리를 내며 수면을 튀어 다니다가 발화해서 보라색 불꽃을 만들며 타오르고, 마지막에는 다 튀어 날아갑니다. 이것은 칼륨과 물이 격렬하게 발열하며 반응해서 수소와 수산화 칼륨을 만드는 모습입니다. 저도 고등

학교 화학 수업 때 학생들의 흥미를 이끌어 내려고 리튬, 나트륨, 칼륨과 물의 반응을 직접 보여 주곤 했습니다.

당시 상류 계급 사이에서는 화학 강연이 유행했고, 런던 왕립 학회에서 열리는 데이비의 대중 강연은 큰 인기를 끌었습니다. 아마 칼륨 실험 등도 선보였을 것으로 추정합니다. 데이비는 용모가 훌륭하고 화술이 능숙했기 때문에 그의 강연에는 언제나 귀부인들이 몰려들었다고 합니다.

패러데이를 발굴한 데이비

저는 런던 왕립 학회에 견학 갔을 때 마이클 패러데이Michael Faraday(1791~1867)가 연구에 사용했던 물건과 실험 노트가 전시된 것을 보고 큰 감명을 받았습니다. 계단강의실을 찾았을 때는 패러데이가 했던 크리스마스 강연의 모습이 절로 떠올랐습니다. 저는 패러데이를 매우 좋아하기 때문에 그의 생애를 조금 자세히 살펴보겠습니다.

패러데이는 가난한 대장장이의 아들이었습니다. 학교는 열세 살까지만 다녔고, 책방과 제본 일을 겸하던 조지 리바우George Riebau의 서점에 도제(직업에 필요한 지식, 기능을 배우기 위하여 스승의 밑에서 일하는 직공)로 들어가 제본공 견습생이 되었습니다. 제본은 인쇄한 낱장을 차례에 따라 꿰매서 실로 매고 표지를 붙여 한 권의 책을 만드는 일입니다.

패러데이는 리바우의 가게에서 제본 실력을 닦으며 제본 공정으로 들어오는 책을 닥치는 대로 읽었습니다. 그런 그의 흥미를 단숨에 끌었던 책이 화학을 쉽게 설명한 영국의 과학책 작가 제인 마셋Mrs. Jane Marcet의 《화학에 관한 대화Conversations on Chemistry》였습니다. 1806년에 처음 나온 마셋의 책은 1853년까지 영국은 물론 미국과 유럽 각지에서 출간되어 큰 인기를 끌었고, 미국에서만 약 16만 부가 팔렸다고 합니다.

패러데이는 마셋 부인의 책을 참고해서 얼마 되지 않는 용돈으로 약품과 도구 따위를 사 모아 다양한 실험을 하며 화학에 눈을 떴습니다.

패러데이를 잘 이해해 주었던 고용주 리바우는 존 테이텀John Tatum이라는 사람이 자택에서 연 화학 강연회를 들으러 갈 수 있게 해 주었고, 패러데이는 이 강연을 듣고 기록한 내용을 제본해서 자기만의 책을 만들었습니다. 이 책이 우연히도 왕립 연구소에서 일하는 윌리엄 댄스William Dance의 눈에 들었습니다. 책의 완성도에 감탄한 댄스는 당시 런던에서 유명했던 왕립 연구소의 화학자 험프리 데이비의 연속 강연회 입장권을 패러데이에게 선물했습니다.

1812년 10월, 패러데이는 7년간의 도제 교육을 마치고 정식 제본공이 되었습니다. 그러나 그는 데이비의 강연을 들은 뒤로 더더욱 과학에 열정을 느껴 꼭 과학을 연구할 수 있는 직업을 가지고 싶었습니다. 과학 연구를 향한 동경이 나날이 강해지기만 했죠.

처음에는 왕립 학회 회장에게 아무리 지위가 낮아도 좋으니 무엇이든 과학과 관련한 일을 하고 싶다는 희망을 담은 편지를 보냈습니다. 왕립 학회 회장은 과학계에 일인자로 군림하던 존재였지만, 패러데이의 편지에 아무런 답을 주지 않았습니다.

그러자 패러데이는 데이비의 강연을 듣고 남긴 기록을 정성껏 제본한 책을 첨부해 데이비에게 편지를 썼습니다. '어떤 하찮은 일이어도 좋으니 과학 일을 하고 싶다'라는 소망을 담은 편지를 1812년 크리스마스 직전에 부쳤습니다.

제본된 책을 받아 보고 패러데이의 비범함을 발견한 데이비에게서 다음과 같은 답신이 도착했습니다.

패러데이 군, 당신의 역작에 무척 감탄했습니다. 이 책만 보아도 얼마나 열정적이고, 우수한 이해력과 주의력을 갖추었는지 알 수 있군요. …… 1월 말에는 집으로 돌아갈 예정이니 그 이후라면 언제라도 보도록 하죠. 내가 도움이 될 일이 있다면 무엇이든 힘이 되어 주고 싶습니다.

막상 데이비를 직접 만났을 때는 현재 실험실에 비는 자리가 없으니 과학자로 먹고살기보다 제본공 일을 계속하는 편이 좋겠다는 충고를 들었습니다. 하지만 그로부터 3개월 후에 데이비로부터 실험 조수가 사고로 그만두었는데 일할 마음이 있느냐고 권유받았고, 패러데이는 제안을 바로 수락했습니다.

1813년 3월, 드디어 패러데이는 염원하던 과학에 관련된 직업을 가지게 되었습니다. 그의 나이 스물한 살 때였습니다.

패러데이의 대활약과 데이비의 질투

실험 조교 일은 지루할 틈이 없었습니다. 패러데이는 데이비의 강의 준비와 뒷정리, 장치 청소와 점검 등을 맡았습니다.

조교 일을 시작한 지 7개월이 될 무렵, 패러데이는 데이비와 그의 부인이 동반으로 떠난 대륙 여행에 동행했습니다. 영국과 전쟁 상태였던 적국으로 떠나는 여행이었기 때문에 하인들이 동행을 거부하자 패러데이가 가게 된 것이었죠. 여행은 견문을 넓히는 기회였지만, 고되기도 했습니다. 거만한 데이비 부인이 패러데이를 마치 하인처럼 부려 먹었던 탓입니다. 그러나 패러데이는 그런 취급도 견뎠습니다.

귀국 후, 실험 조수 일을 하면서 패러데이의 능력은 데이비와 실험실 동료들에게 인정받았고, 점점 더 어려운 업무를 맡게 되었습니다. 스물다섯 살이 된 해인 1816년에 그는 첫 논문 〈토스카나의

마이클 패러데이

생석회生石灰)를 발표합니다. 1821년에는 이염화 에틸렌의 발견과 전자기 회전(모터의 원리) 연구, 1822년에는 철 합금 연구, 1823년에는 염소와 황화 수소의 액화, 1825년에는 벤젠의 발견 등 중요한 성과를 이루었습니다.

차근차근 업적을 쌓아 가는 패러데이를 향해 데이비는 점점 더 강한 경계심과 질투심을 품게 되었습니다.

1823년, 패러데이가 왕립 학회 회원으로 추천받았을 당시 학회 회장은 데이비였습니다. 데이비는 홀로 패러데이를 학회 회원으로 받아들이는 것에 반대했습니다. 패러데이에게 이미 받은 추천을 거절하라고 강요하고, 추천인에게 추천을 취소하라고 사정하기도 했습니다. 그러나 이미 과학계에 많은 업적을 쌓은 패러데이가 회원으로 선출되는 걸 막을 수 없었습니다. 다음 해 이루어진 회원 무기명 직접 투표에서 반대표는 단 한 표 나왔고, 패러데이는 간절히 원했던 왕립 학회 회원이 되었습니다. 반대표가 누구에게서 나왔는지는 너무도 명백했지요. 이렇게 패러데이는 서른두 살에 일류 과학자들과 어깨를 나란히 했습니다.

데이비도 말년에는 "내가 이제껏 했던 발견 중에서 가장 훌륭한 발견은 패러데이였다."라고 이야기했다고 합니다. 패러데이도 또한 데이비 사후, 그에게 최고의 찬사를 보냈습니다.

패러데이의 업적 중에서 가장 유명한 것은 전자기 유도의 발견입니다. 이미 덴마크 물리학자 한스 크리스티안 외르스테드Hans Christian Ørsted(1777~1851)가 먼저 전류가 자석에 작용을 미치는 현상을 발견했습니다. 그 발견에 자극받은 패러데이는 외르스테드가 했던 실험의 반대가 되는 실험, 즉 자석에서 어떠한 전기적 효과를 얻을 수 있을지 갖가지 실험을 시도했습니다.

철제 고리의 왼쪽과 오른쪽에 각각 다른 전선을 코일처럼 감고, 한쪽 코일을 볼타 전지에 연결해서 전류를 흐르게 합니다. 그러면 먼저 감았던 코일의 전류를 흘리거나 차단하는 순간에만 다른 코일에도 전류가 흐르는 것을 발견했습니다.

다음으로 패러데이는 전자석을 사용하는 대신 코일에 막대자석을 넣고 빼는 실험에서도 같은 결과를 얻었습니다. 이렇게 해서 패러데이는 오늘날 전기 문명의 주춧돌이 되는 발전기와 변압기의 원리를 발견했습니다.

또 다른 한 가지 중요한 업적이 있습니다. 바로 전기 분해에 관한 기본 법칙을 발견한 겁니다.

패러데이는 전기를 이용해 다양한 물질을 분해해 보았습니다. 이때 스스로 고안한 볼타 전기량계(볼타미터)를 사용해 분해로 발생하는 물질의 질량 관계를 조사했습니다. 그 결과 '전기 분해 때 나오는 물질의 질량은 통하는 전기의 양에 따라서 결정된다'라는 사실 등이 밝혀졌습니다. 그 과정에서 전기 분해, 전해질, 전극, 양이온, 음이온 등의 용어도 만들었습니다.

이 발견으로 패러데이는 근대 전기 화학의 기초를 닦은 공을 인정받았습니다. 그와 더불어 전기 분해 법칙을 발견한 명예를 기리기 위해서, 전기 분해에서 전기량을 측정하는 단위에 패러데이라는 이름이 붙여졌습니다.

패러데이는 서른네 살에 왕립 연구소 연구실 주임이 된 후로 스승인 데이비의 뒤를 이어 주 1회, 일반인을 대상으로 하는 화학 강연회를 맡았습니다. 특히 매년 크리스마스에는 아이들을 상대로 한 강연회를 열었고, 말년까지 이 강연회를 쉬지 않았습니다. 그중에서도 그의 나이 쉰아홉이었던 1860년에 한 연속 강연이 유명한데, 그 내용은 《촛불의 과학》이라는 책에 정리되어 지금까지도 전 세계에서 사랑받고 있습니다.

발견 당시에는 금보다 비쌌던 알루미늄

데이비가 발견한 나트륨과 칼륨은 큰 환원력을 지녔기 때문에 당시 화합물에서 추출할 방법이 없었던 금속을 얻는 데 강력한 수단이었습니다.

1825년에 덴마크 물리학자 외르스테드가 알루미늄 분리에 성공했고, 1827년에는 독일 화학자 프리드리히 뵐러Friedrich Wöhler (1800~1882)가 외르스테드보다 더 순수한 알루미늄을 추출했습니다. 그들은 염화 알루미늄과 칼륨을 섞어서 가열하는 방법을 사용했는데, 칼륨이 염화 알루미늄의 염소를 빼앗아 염화 칼륨이 되고 나면 알루미늄을 얻을 수 있었습니다.

당시 알루미늄은 매우 비쌌습니다. 금이나 은과 비슷할 정도로 귀중품이었기 때문에 나폴레옹 3세가 자기 재킷 단추를 알루미늄으로 만들어 달게 하고, 알루미늄으로 식기를 만들어 극소수의 중요한 귀빈에게만 내놓았으며, 평범한 손님에게는 금으로 만든 식기를 내놓았다는 이야기도 있습니다.

시간이 지나 알루미늄을 저렴한 가격에 대량으로 생산할 수 있게 됐습니다. 그 방법을 같은 시기, 각각 따로 발견했던 이들은 신기하게도 미국과 프랑스에 살았던 1863년생 동갑의 청년들이었습니다.

알루미늄은 산소와 결합하는 힘이 강하므로 산화물을 융해하는

데 2천 ℃ 이상의 고온이 필요합니다. 알루미늄을 많이 함유한 광석 보크사이트는 산화 알루미늄(알루미나)을 약 40~60% 포함하고 있습니다. 이 광석에서 순수한 산화 알루미늄을 추출할 수 있죠. 그런데 산화 알루미늄은 알루미늄과 산소가 대단히 강하게 결합하기 때문에 철광석처럼 코크스*를 이용해 환원할 수도 없고, 녹는점이 2,072℃나 되므로 융해해서 전기 분해를 하기도 어려웠습니다.

이 문제에 맞선 두 연구자가 바로 미국의 찰스 마틴 홀Charles Martin Hall과 프랑스의 폴 루이 투생 에루Paul Louis-Toussaint Héroult였습니다. 두 청년은 완전히 독자적인 실험으로 똑같은 방법을 발견했습니다.

그들은 '어쩌면 산화 알루미늄을 녹일 능력이 있는 물질이 있을지도 몰라. 그걸 발견하면 정말 보람차겠군' 하는 생각으로 다양한 물질을 실험했습니다. 두 사람 모두 그린란드에서 채굴할 수 있는 빙정석이라는 유백색 덩어리에 주목했습니다. 빙정석은 나트륨과 알루미늄, 불소로 이루어진 화합물이자 녹는점이 약 1천℃입니다. 빙정석을 융해하고 산화 알루미늄을 더하자 10%가량을 더 녹일 수 있었습니다. 이것을 전기 분해하여 음극에서 고체 금속 알루미

◈ Cokes, 탄소가 주성분인 물질을 가열해 휘발 성분을 없앤 고체 탄소 연료. 석탄의 일종이다. 철광석에서 철을 얻으려면 코크스 속의 탄소와 철광석 속의 산소를 결합시켜 산소를 제거하는 환원 과정을 거친다.

늄을 추출한 것이 1886년이었습니다.

처음에는 미국의 홀이, 몇 개월 후에는 프랑스의 에루가 발견했습니다. 똑같이 1863년생이었던 두 사람은 각자의 나라에서 특허를 따고, 같은 해인 1914년에 세상을 떠났습니다.

현재 사용하는 알루미늄은 이 두 과학자가 발견한 공업적 제조법을 그대로 사용해서 만듭니다. 이 방법에는 대량의 전력이 필요한 까닭에 알루미늄은 전기 덩어리 혹은 전기 통조림이라고 불리기도 합니다.

전기 분해를 이용한 알루미늄 제조법의 원리는 마그네슘 등을 추출하는 방법에도 응용합니다. 오늘날 경금속 시대에 꼭 필요한 단서 역할을 톡톡히 하고 있죠.

분광기로 스펙트럼선을 비추면 나타나는 원소의 모습

원소를 발견했을 때, 이것이 새로운 원소인지 기존 원소인지를 알아보려면 해당 원소가 순수한 형태로 다량 필요합니다. 존재량이 적은 원소는 정체를 정확하게 밝히기가 어렵지요. 그런데 1859년에 독일의 구스타프 키르히호프Gustav R. Kirchhoff(1824~1887)와 로베르트 빌헬름 분젠Robert Wilhelm Bunsen(1811~1899)이 발견한 분광 분

분젠과 키르히호프가 고안한 초기 분광기

프리즘

시료를
버너의 불꽃으로
가열한다.

프리즘을
회전시키는 기구

분젠과 키르히호프가 만든 분광기의 구조

석법이 이러한 상황을 크게 바꾸었습니다.

다양한 광원이 내뿜는 빛을 프리즘이 들어 있는 분광기에 통과시키면 빛이 파장의 차이에 따라 나누어지므로 스펙트럼을 관측할 수 있습니다. 물질을 불꽃 속에서 가열할 때의 빛을 분광기에 통과시키면 띄엄띄엄 빛나는 휘선과 그 사이사이의 흡수선이 보입니다.

가령 가스 불꽃 안에 나트륨을 두면 불꽃이 노란빛을 띠고, 칼륨을 넣으면 보랏빛을 띱니다. 이것은 불꽃 반응이라는 현상으로, 나트륨(노란색), 칼륨(보라색), 리튬(심홍색), 칼슘(주황색), 스트론튬(진빨강), 바륨(연두색), 구리(청록색) 등을 함유한 화합물을 불꽃에 넣고 세게 가열하면 불꽃이 각 원소 특유의 색을 보여 줍니다.

색색의 불꽃을 프리즘을 통해 망원경으로 자세히 관찰하면, 나트륨을 넣었을 때는 어둠 속에서 노란색 선이 두 개 나타나고, 칼

142

륨을 넣으면 다른 위치에서 두 개의 보라색 선이 나타납니다. 그것들은 원소 특유의 모습으로, 각 원소의 '지문'과 같습니다. 극히 소량의 시료로도 원소 고유의 휘선과 흡수선을 충분히 볼 수 있죠.

분젠은 재빨리 분광기를 사용해서 세슘과 루비듐도 발견했습니다. 이 발견으로 리튬, 나트륨, 칼륨과 함께 알칼리 금속 다섯 원소가 모두 모였습니다.

원소를 정리하려는 시도

앙투안 라부아지에 이후로 새로운 원소가 잇따라 발견됐습니다. 옌스 야코브 베르셀리우스가 살았던 1779년부터 1848년까지 새로운 원소가 32개나 발견되면서 원소는 총 57종이 되었습니다. 러시아 화학자 드미트리 멘델레예프Dmitri I. Mendeleev(1834~1907)가 원소 주기율표를 발표한 1869년까지 모두 63종의 원소가 발견되었습니다.

당시 화학자들은 원소를 분류하고 정리하고자 시도했습니다. 제법 많은 원소가 발견되자 원소 간에 어떠한 상관관계가 있지 않을까 하는 의문이 생겼던 거죠.

멘델레예프 전에도 원소 특징에 따라 그룹을 분류하려는 다양한 시도가 있었습니다. 할로겐족과 알칼리 금속, 백금족처럼 유사

러시아 **상트페테르부르크에 있는 멘델레예프 동상** 과 벽에 걸린 대주기율표

성이 있는 원소 그룹의 존재, 화학적 성질이 비슷한 세 개씩 짝을 지은 원소로 이루어진 세 그룹 '염소, 브로민, 아이오딘', '칼슘, 스트론튬, 바륨', '황, 셀레늄, 텔루륨'의 존재, 원소를 음악의 옥타브(8음계)에 비유한 '옥타브 법칙' 등이 제창되었습니다. '옥타브 법칙'은 원소를 원자량 순으로 차례로 놓으면 '어떤 원소를 첫 번째로 두더라도 여덟 번째

원소는 첫 번째 원소와 성질이 비슷하다'라는 것입니다.

상트페테르부르크 대학교에서 화학을 가르치면서 강의용 교과서를 집필한 멘델레예프는 원소를 체계적으로 다루는 이론에 관심을 두었습니다. 그러다가 원자량이 하나의 열쇠가 되리라고 생각했지요. 먼저 질소족 원소, 산소족 원소, 할로겐족 원소를 원자량 순서대로 나열했습니다.

◆ 영국의 화학자 뉴랜즈(John Newlands, 1837~1898)가 주장.

다음으로 카드 한 장에 원소 하나의 원자량과 이름, 화학적 성질을 적어 넣은 원소 카드를 만들었습니다. 이 카드들을 원자량이 작은 원소부터 순서대로 왼쪽에서 오른쪽으로 배치하다가, 거기서 다시 원자가가 같은 원소가 위아래로 나열되도록 배치하는 식으로 몇 단을 거듭해 배치했습니다. 주기율표의 최초 형태는 이렇게 완성됐고, 1871년 독일의 유스투스 폰 리비히가 편집하던 〈화학 연보〉에 게재됐습니다.

멘델레예프는 주기율표에 '장차 발견될 것으로 예상하는 원소들'이 들어갈 공란을 마련해 두고, 특히 세 가지 원소의 성질을 자세히 설명했습니다. 공란은 각각 붕소, 알루미늄, 규소 아래에 있었습니다. 그는 산스크리트어로 '1'을 의미하는 접두어 '에카Eka'를 가져와 그것들에 에카붕소, 에카알루미늄, 에카규소라는 이름을 붙였습니다.

1875년에는 분광 분석법으로 새로운 원소가 발견되어 갈륨이라는 이름이 붙었습니다. 멘델레예프는 새로운 원소가 자신이 예언했던 에카알루미늄이며, 발표된 원소의 밀도 측정이 틀린 게 확실하다고 주장했습니다. 실제로 갈륨의 성질은 그가 예언했던 에카알루미늄과 매우 비슷했고, 발견자가 다시 밀도를 측정하니 밀도 역시 에카알루미늄에 가까웠습니다. 그 후에 속속 스칸듐, 저마늄이 발견되었는데 각각의 성질 또한 멘델레예프가 예언했던 에카붕소, 에카규소와 거의 같았습니다.

처음 발표했을 당시에 화학자들은 주기율표에 주의를 기울이지 않았지만, 이러한 사건들을 거치며 주기율표는 일반적으로 받아들여지기 시작했고, 새로운 원소의 탐색과 원소 간 관계를 조사할 때 '지도'와 같은 역할을 하게 되었습니다.

참고로 갈륨은 재미있는 원소입니다. 저는 강연 때 30여℃의 따뜻한 물을 따른 컵에 딱딱한 은색 덩어리 금속을 넣어서 금속이 금세 흐물흐물해지는 모습을 보여 드리곤 하는데요, 금속 갈륨이 이렇습니다. 비닐에 넣은 갈륨을 재킷 안주머니에 보관했다가 녹은 적도 있을 만큼 무른 성질을 가졌지요. 미국에서는 갈륨으로 만든 마술용 스푼도 팝니다. 따뜻한 홍차에 넣은 설탕을 섞을 때 이스푼을 사용하면 홍차 속에서 흐물흐물 제 모습을 잃고 녹아 액체가 되어 버립니다. 상온에서 액체인 금속은 수은뿐이지만, 갈륨은 수은 다음으로 녹는점이 낮은 30℃ 정도에서 융해됩니다.

비활성 기체 원소의 발견

멘델레예프의 주기율표에는 비활성 기체 원소들이 쏙 빠져 있었습니다. 비활성 기체를 영어로는 다른 원소와 반응하지 않는 '고귀한 원소Noble Gas'라고 부릅니다.

비활성 기체의 발견은 1894년, 영국의 과학자 윌리엄 램지

William Ramsay(1852~1916)와 존 윌리엄 스트럿 레일리John William Strutt Rayleigh(1842~1919)가 아르곤을 발견하면서 시작됐습니다.

레일리는 대기에서 분리해 얻어 낸 질소가 질소 화합물에서 얻은 질소보다 밀도가 더 높다는 사실을 발견했습니다. 그래서 대기 중에 새로운 원소가 있을 수 있다고 가정하고, 램지의 도움을 받아 끈질긴 실험을 되풀이한 끝에 공기 중에 약 1% 함유된 아르곤을 발견했습니다. 공기 중에서 아르곤은 부피에 대비해 질소, 산소 다음인 세 번째로 많이 들어 있습니다. 램지는 이어서 공기 중에서 네온, 크립톤, 제논을 발견했습니다.

또 개기 일식 때의 태양 코로나를 분광 분석해 발견했던 헬륨을, 지구상에서도 우라늄 광석에서 분리해 냈습니다.

아르곤처럼 공기 중에 많이 들어 있는데도 오랫동안 존재가 밝혀지지 않았던 것은 다른 원소와 반응하지 않아(=화학적으로 비활성) 숨겨진 존재였기 때문입니다. 그래서 원소명도 게으름뱅이라는 뜻의 그리스어 '아르고스Argos'에서 아르곤이라고 지었습니다.

비활성 기체 원소 중 마지막으로 발견된 것은 라돈이었습니다. 1900년 피에르와 마리 퀴리 부부의 업적입니다. 그 후 1902년에 어니스트 러더퍼드Ernest Rutherford(1871~1937) 실험실의 연구진이 이 가스가 비활성 기체인 것을 밝혀냈습니다. 라돈이라는 이름은 라듐의 붕괴로 얻을 수 있다Rad-On는 뜻을 담아 붙여졌습니다.

1904년에 레일리는 '기체의 밀도에 관한 연구 및 이 연구로 완

어니스트 러더퍼드

성된 아르곤의 발견'으로 노벨 물리학상을, 윌리엄 램지는 '공기 중 비활성 기체 원소 발견과 주기율표상 원소의 위치를 결정한 공로'로 노벨 화학상을 받았습니다.

발견된 비활성 기체는 주기율표의 왼쪽 끝자락에 배치되었습니다. 그 후 비활성 기체가 화학적으로 매우 안정적이라는 사실은 원자의 전자電子 배치에서 밝혀졌습니다.

현재의 주기율표

현재는 원소를 원자량 순서가 아닌 원자 번호(원자의 원자핵 속 양성자의 수) 순서로 배열하며, 총 118종류의 원소가 배열돼 있습니다. 자연계에 천연적으로 존재하는 원소 중 원자 번호가 가장 큰 원소는 92번인 우라늄입니다.

원자 번호가 93번 이상인 원소나 43번의 테크네튬 등은 천연으로 존재하지 않고, 인공으로 합성된 원소입니다. 그리고 새로운 원소의 합성은 지금도 계속되고 있습니다.

세로줄은 족이라고 하며, 왼쪽부터 순서대로 1족, 2족…… 18족입니다. 같은 족에 속하는 원소를 동족 원소라고 합니다. 가로줄은 주기라고 하고, 위에서 순서대로 제1주기, 제2주기……라고 합니다. 옛날 주기율표는 가로로 I~VIII족, 0족과 9열이 배열됐지만, 현재는 1~18족의 장주기율표Long Periodic Table를 사용합니다. 1주기에는 H와 He, 두 개 원소가 있으며, 2, 3주기에는 각각 여덟 개의 원소가 있습니다.

원소의 약 80%는 금속 원소이고, 나머지는 비금속 원소입니다. 경계선 부근의 붕소, 규소, 저마늄, 비소 등은 금속 성질을 어느 정도 가지고 있으므로 반도체라고 불립니다.

주기율표 양쪽의 1족, 2족과 12족~18족 원소를 전형 원소라고 합니다. 전형 원소의 동족 원소는 화학적 성질이 매우 비슷합니다.

예컨대 수소 이외의 1족 원소인 홑원소 물질은 모두 가벼운 금속으로, 물과 반응하면 수소를 발생합니다. 이 원소들을 알칼리 금속이라고 합니다. 원자는 1가 양이온이 되기 쉬운 성질이 있습니다. 2족 원소 원자들은 2가 음이온이 되기 쉬운 성질을 가졌으며, 알칼리 토류 금속Alkaline Earth Metal이라고 합니다. 17족 원소는 할로겐이라고 하고, 원자는 1가 음이온이 되기 쉬운 성질을 지닙니다. 18족 비활성 기체 원소인 홑원소 물질은 화합물을 만들기 어려워서 비활성 기체라고 합니다.

주기율표

주기\족	1	2	3	4	5	6	7	8	
1	*1* *H* 수소 *1.008*								
2	3 Li 리튬 6.941	4 Be 베릴륨 9.012		이탤릭체는 기체 ■은 금속					
3	11 Na 나트륨 22.99	12 Mg 마그네슘 24.31							
4	19 K 칼륨 39.1	20 Ca 칼슘 40.08	21 Sc 스칸듐 44.96	22 Ti 티타늄 47.87	23 V 바나듐 50.94	24 Cr 크로뮴 52	25 Mn 망가니즈 54.94	26 Fe 철 55.85	27
5	37 Rb 루비듐 85.47	38 Sr 스트론튬 87.62	39 Y 이트륨 88.91	40 Zr 지르코늄 91.22	41 Nb 나이오븀 92.91	42 Mo 몰리브데넘 95.95	43 Tc 테크네튬 (99) *	44 Ru 루테늄 101.1	45
6	55 Cs 세슘 132.9	56 Ba 바륨 137.3	57~71 란타넘족	72 Hf 하프늄 178.5	73 Ta 탄탈럼 180.9	74 W 텅스텐 183.8	75 Re 레늄 186.2	76 Os 오스뮴 190.2	77
7	87 Fr 프랑슘 (223)	88 Ra 라듐 (226)	89~103 악티늄족	104 Rf 러더포듐 (267)*	105 Db 더브늄 (268)*	106 Sg 시보귬 (271)*	107 Bh 보륨 (272)*	108 Hs 하슘 (277)*	10

	원자 번호	원소 기호
	원소명	
	원자량	

57~71 란타넘족	57 La 란타넘 138.9	58 Ce 세륨 140.1	59 Pr 프라세오디뮴 140.9	60 Nd 네오디뮴 144.2	61 Pm 프로메튬 (145) *	62
89~103 악티늄족	89 Ac 악티늄 (227) *	90 Th 토륨 232.0	91 Pa 프로트악티늄 231.0	92 U 우라늄 238.0	93 Np 넵투늄 (237) *	9

	11	12	13	14	15	16	17	18	족/주기
								2 *He* 헬륨 *4.003*	1
			5 B 붕소 10.81	6 C 탄소 12.01	7 *N* 질소 *14.01*	8 *O* 산소 *16.00*	9 *F* 플루오린 *19.00*	10 *Ne* 네온 *20.18*	2
			13 Al 알루미늄 26.98	14 Si 규소 28.09	15 P 인 30.97	16 S 황 32.07	17 *Cl* 염소 *35.45*	18 *Ar* 아르곤 *39.95*	3
Ni	29 Cu 구리 63.55	30 Zn 아연 65.38	31 Ga 갈륨 69.72	32 Ge 저마늄 72.63	33 As 비소 74.92	34 Se 셀레늄 78.97	35 Br 브로민 79.9	36 *Kr* 크립톤 *83.8*	4
Pd	47 Ag 은 107.9	48 Cd 카드뮴 112.4	49 In 인듐 114.8	50 Sn 주석 118.7	51 Sb 안티모니 121.8	52 Te 텔루륨 127.6	53 I 아이오딘 126.9	54 *Xe* 제논 *131.3*	5
Pt	79 Au 금 197.0	80 Hg 수은 200.6	81 Tl 탈륨 204.4	82 Pb 납 207.2	83 Bi 비스무트 209.0	84 Po 폴로늄 (210)	85 At 아스타틴 (210)	86 *Rn* 라돈 *(222)*	6
Os	111 Rg 뢴트게늄 (280)*	112 Cn 코페르니슘 (285)*	113 Nh 니호늄 (278)*	114 Fl 플레로븀 (289)*	115 Mc 모스코븀 (289)*	116 Lv 리버모륨 (293)*	117 Ts 테네신 (293)*	118 Og 오가네손 (294)*	7

Eu	64 Gd 가돌리늄 157.3	65 Tb 터븀 158.9	66 Dy 디스프로슘 162.5	67 Ho 홀뮴 164.9	68 Er 어븀 167.3	69 Tm 툴륨 168.9	70 Yb 이터븀 173.0	71 Lu 루테튬 175.0
Am	96 Cm 퀴륨 (247) *	97 Bk 버클륨 (247) *	98 Cf 캘리포늄 (252) *	99 Es 아인슈타이늄 (252) *	100 Fm 페르뮴 (257) *	101 Md 멘델레븀 (258) *	102 No 노벨륨 (259) *	103 Lr 로렌슘 (262) *

비금속 원소인 홑원소 물질은 대부분 분자로 이루어졌으며, 고체에서 분자로 이루어진 결정을 만듭니다. 상온(25 ℃ 부근)에서 수소, 질소, 산소, 불소, 염소 등은 기체, 브로민은 액체, 아이오딘, 인, 황 등은 고체로 존재합니다.

탄소와 규소인 홑원소 물질은 고분자로 이루어진 결정이며, 높은 녹는점을 가집니다. 비활성 기체 원소인 홑원소 물질은 상온에서는 기체이자 일원자 분자로 존재합니다. 금속 원소인 홑원소 물질은 수은만이 상온에서도 액체이며, 그 밖의 금속 홑원소 물질들은 상온에서 고체입니다.

금속 원소인 홑원소 물질의 특징

현재 주기율표에 실린 약 90종류의 천연 원소 가운데 금속 원소는 약 80%를 차지합니다. 금속 원소만으로 이루어진 물질이 금속이며, 세 가지 특징이 있습니다.

① 금속광택(은색이나 금색 등 금속류만이 가지고 있는 특유의 광택)이 난다.

② 전기나 열이 잘 전달된다.

③ 때리면 넓어지고, 잡아당기면 늘어난다.

그래서 눈으로 보기만 해도 '이건 금속이구나'를 알 수 있습니다. ①의 금속광택은 금속이 빛을 거의 반사하는 특징 덕에 발생합니다. ②의 성질은 전지와 꼬마전구로 만든 간단한 도구로 알아볼 수 있습니다. ③의 성질은 때려도 가루가 되지 않는다는 뜻입니다.

옛날 거울은 금속 표면을 반짝반짝하게 닦아 만들었습니다. 오늘날 거울도 유리와 붉은색 뒷면(보호재) 사이에 아주 얇은 금속막이 깔려 있습니다(거울에 은도금한 것). 금속의 광택을 이용한 거죠.

홑원소 물질인 칼슘이나 바륨도 금속으로, 은색을 띱니다. 보통 칼슘이나 바륨을 흰색으로 떠올리는 이유는 그 화합물이 흰색이기 때문입니다.

무기물로 인공적인 유기물을 만들다니!

18세기 말~19세기 초반 앙투안 라부아지에 시대 화학자들은 생물의 몸을 만드는 물질을 유기물(유기 화합물이라고도 한다), 그렇지 않은 물질을 '무기물'이라고 구별했습니다. 대체 무엇이 '유有'와 '무無'로 나누는 걸까요?

유기물의 '유기有機'란 '살아 있는, 생활 기능을 하는'이란 뜻입니다. 그러므로 우리는 생물을 유기체라고 합니다.

설탕, 전분, 단백질, 초산(식초의 성분), 알코올 등등 많은 물질이 유기물의 일종입니다. 여기서 유기물은 생물의 작용으로 만들어진 물질을 말합니다. '유기체가 만드는 물질'이므로 유기물이란 이름이 붙었던 겁니다. 설탕은 사탕무나 사탕수수로 만듭니다. 전분은 식물이 광합성으로 만듭니다. 단백질은 생물 몸의 중요한 성분입니다. 알코올(에탄올)은 전분이나 포도당에서, 초산은 알코올에서 만들어집니다.

그에 반하여 물, 암석, 금속 등 생물의 작용을 빌리지 않고 만들어진 물질이 무기물입니다.

오랫동안 유기물은 생물의 생명 작용만으로 만들어지며, 인간의 손으로는 만들 수 없다고 여겨졌습니다. 이 관념은 19세기 초반까지 화학계를 지배했습니다. 그래서 유기물은 특별한 물질이었지요.

그런데 1828년, 독일의 프리드리히 뵐러가 무기물인 사이안산 암모늄을 가열할 때 유기물인 요소가 인공적으로 만들어지는 걸 발견합니다. 그는 스웨덴 화학자 베르셀리우스 아래에서 유학하다가 막 고향인 독일로 돌아간 참이었습니다. 뵐러는 베르셀리우스에게 이 발견을 알리는 편지를 보냈습니다.

선생님, 제가 동물의 신장을 빌리지 않고 요소를 만들어 냈습니다.

사실 요산은 신장이 아닌 간에서 합성되지만, 생물의 생명력을 빌리지 않고 무기물에서 유기물을 만들었다는 사실은 획기적이었습니다. 유기물이 생명력과 상관없는 무기물에서 만들어졌다는 뉴스는 당시 화학계에 큰 충격을 던졌습니다.

유기 화학의 성립

유기물을 연구하는 화학을 유기 화학이라고 합니다. 독일의 유스투스 폰 리비히는 유기 화학을 확립한 인물로 불립니다. 유기 화학은 1860년 전후로 기초가 쌓였고, 거기에는 프리드리히 뷜러와 리비히 등 학자들의 노력이 있었습니다.

1827년 뷜러가 발견한 사이안산 은과 1824년 리비히가 발견한 뇌산 은은 둘 다 같은 화학식 AgCNO으로 표시합니다. 뇌산 은은 폭발이 쉬운 물질로, 폭발성이 없는 사이안산 은과는 성질이 달랐습니다. 리비히는 생각했습니다.

'서로 다른 물질이 같은 화학식을 가지는 일이 있다. 그 이유는 물질을 이루고 있는 원자의 종류나 수는 같지만, 원자의 나열 방식이나 연결 방식이 다르기 때문이 아닐까?'

이것은 비단 사이안산 은과 뇌산 은 한 쌍의 물질에서만이 아니라, 물질에 관해 생각할 때는 내부 원자의 나열 방식 혹은 연결 방식을 생각할 필요가 있다는 뜻이었습니다.

아우구스트 케쿨레

리비히는 근무하던 기센 대학교에 학생 화학 실험실을 마련하고, 세계 최초로 학생들의 화학 실험을 시작했습니다. 뵐러와 리비히는 사이안산 은과 뇌산 은의 화학식이 일치한 것을 인연 삼아, 평생 우정과 도움을 나누며 서로 힘을 합쳐 유기 화학 연구를 했습니다. 그들이 주고받았던 1천여 통이나 되는 편지는 한 권의 책이 되었습니다.

1832년에 두 사람은 공저 《벤조산의 라디칼 연구Investigations of the Radical of Benzoic Acid》를 발표했습니다. 이 책에서 그들은 하나의 화합물(아몬드 오일)이 다른 화합물(벤조산)로 변할 때 원자 집단(벤조일기)이 불변 상태로 이동해 다른 원자와 결합하거나 분리할 것이라는 생각을 밝혔습니다.

1847년, 기센 대학교 건축학과에 아우구스트 케쿨레Friedrich August Kekulé von Stradonitz(1829~1896)라는 열여덟 살 청년이 입학했습니다. 그는 리비히의 화학 강의를 듣고 전공인 건축학보다 화학에 더 매료되었습니다. 결국 건축학과를 그만두고 화학과로 전과해 리비히의 제자가 되었습니다.

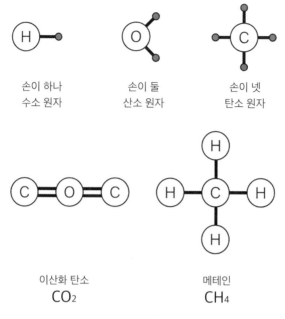

손이 하나
수소 원자

손이 둘
산소 원자

손이 넷
탄소 원자

이산화 탄소
CO_2

메테인
CH_4

원자의 결합수와 이산화 탄소(CO_2), 메테인(CH_4)의 구조

케쿨레는 1858년 탄소가 네 개의 결합수를 가지는 원자(정확하게는 원자가 4)이며, 탄소 원자끼리 혹은 다른 원자와 결합한다는 가설을 발표했습니다. 수소, 산소는 각각 하나의 결합수(원자가 1)와 두 개의 결합수(원자가 2)를 가진다고 생각했습니다. 이 가설에 따르면 서로의 결합수인 '원자가(원자값)'가 과부족 없이 딱 손을 맞잡듯이 결합하는 셈입니다.

당시에는 벤젠(C_6H_6)이 어떤 구조를 띠고 있는지가 수수께끼였는데, 1865년 케쿨레가 이 문제를 풀었습니다. 어느 날 휴식 중, 서

이중 결합과 단일 결합이
항상 교대된다.

(1.5중 결합)

이렇게 표시하는
경우도 있다.

벤젠의 구조

로 연결돼 꼬리를 물고 있는 탄소 사슬이 그의 머릿속에 떠올랐습
니다. 여섯 개의 탄소 원자가 닫힌 사슬 모양으로 벤젠 구조를 이
루고 있을 거로 생각한 겁니다. 학부생 시절에 잠시 건축학과에 몸
담았던 케쿨레에게는 유기물의 탄소 골격 구조를 시각화하는 능
력이 있었던 걸까요?

　현재는 벤젠을 간단히 표현할 때 정육각형 속에 동그라미를 그
려서 나타냅니다. 벤젠의 분자 안에서는 이중 결합과 단일 결합이
번갈아 가며 끊임없이 육각형 모양을 이룹니다. 평균화해서 1.5중
결합이 이루어지고 있다고 보아도 될 겁니다.

벤젠 구조를 이야기할 때 종종 소개되는 원숭이 그림이 있습니다. 케쿨레의 기념행사 때 참가자에게 배부한 카드에 그려진 그림입니다. 원숭이의 두 손과 두 다리, 또는 한 손과 꼬리가 이어져 있는 모습은 이중 결합을 나타냅니다.

이후 유기물의 구조가 점차 밝혀지면서 탄소의 원자 간 결합(원자가)이 4로 한정되지 않는다는 내용 등도 명확해졌습니다.

벤젠 구조를 표현하는 익살스러운 원숭이 그림
(모사화)

'생명의 작용'과는 거리가 먼 유기물

이처럼 분자의 구조가 밝혀지면서, 분자의 설계도를 그려 계획적으로 새로운 물질을 합성할 수 있게 됐습니다. 1868년에는 알리자린Alizarin(붉은색), 1880년에는 인디고Indigo(선명한 남색)와 같은 염료가 합성되었습니다.

알리자린은 꼭두서니라는 식물에서 추출한 색소로, 고대부터 이용했습니다. 이집트 미라를 감싸는 천으로도 사용했고요. 8세기 말 일본의 고전 시가를 모은 책《만요슈》에는 '꼭두서니 꽃물빛으로 물든 지치밭에 가네……'라는 시구가 실려 있습니다. 예부터 꼭두서니 색소를 사용했음을 알 수 있습니다. 1826년에 꼭두서니 색소의 주성분을 분리해 알리자린이라고 이름 붙였습니다. 1868년에 인공석으로 합성에 성공하자 세계 각지에서 활발했던 꼭두서니 재배는 괴멸적인 타격을 입었지만, 시장에는 고품질 알리자린이 싼값에 공급되기 시작했습니다.

인디고도 고대부터 염료의 왕자로 널리 이용했습니다. 콩과인 땅비싸리속이나 일본산 쪽(염료 식물의 일종)에서 채취하던 인디고는 1880년 합성에 성공하면서 1883년에 화학 구조가 결정되었습니다. 1897년에는 공업 생산이 시작되었고, 이와 함께 천연 인디고는 퇴출당했습니다.

현재는 실험실과 공장에서 탄소와 수소 등을 원료로 한 많은 유기물이 만들어지고 있습니다. 옛날에는 모두 사람 손으로 만들 수 없을 거라 여겨졌던 것들이지요. 그래서 이제는 유기물과 무기물을 '생물의 생명 작용'으로 구별하는 일이 불가능해졌습니다.

그래도 유기물은 무기물과 비교했을 때 다양한 특징이 있기 때문에 지금도 유기물이란 단어를 사용합니다. 현재 세계에는 1억 종류 이상의 물질이 존재하는 것으로 여겨지는데, 대부분이 유기물의 동족입니다. 이 중에는 천연적이지 않은 유기물도 많이 있습니다. 예컨대 합성 섬유인 나일론은 유기물이지만, 자연계에 존재하지는 않습니다. 나일론은 1934년에 미국의 월리스 캐러더스Wallace H. Carothers(1896~1937)가 처음으로 합성한 물질입니다.

유기물이 '생명력'의 손을 벗어난 오늘날에는 유기물과 무기물을 어떻게 나누면 좋을까요?

현재의 유기물은 '탄소 원자를 뼈대로 하고, 수소 원자나 산소 원자 등을 함유하는 물질'이라는 점을 기억하세요. 유기물을 찌거나 구우면 숯이 생깁니다. 불태우면 이산화 탄소가 만들어지고요. 이 사실들은 유기물에 탄소 원자가 들어 있다는 것을 의미합니다. 반대로 무기물은 어떨까요? 무기물은 그냥 유기물을 제외한 나머지 물질을 가리킨다고 보면 됩니다.

하버의 암모니아 합성

유대인이라는 불리한 조건 때문에 좀처럼 대학에서 교직을 얻지 못했던 독일의 화학자 프리츠 하버Fritz J. Haber(1868~1934)는 스물다섯 살에 어찌어찌 대학의 조수로 채용된 뒤로 맹렬하게 연구를 시작합니다. 하버가 마침내 화학 교수의 꿈을 이룬 1906년, 그의 관심은 화학계 최대 화제인 공기 중의 질소를 화합물로 만들어 고정하는 데로 쏟아졌습니다.

질소는 농작물을 키울 때 필요한 양분 중 세포의 단백질 합성에 빼놓을 수 없는 요소이자 가장 부족해지기 쉬운 물질이므로, 농업에서 중요한 역할을 합니다. 당시 질소 비료는 주로 초석(질산 칼륨)이나 칠레 초석(질산 나트륨)으로 만들었습니다. 질소는 공기 중에 많이 존재하지만, 식물이 흡수할 수 있는 비료로 사용하려면 질산염이나 암모늄염 같은 질소 화합물 형태로 만들어야만 했지요.

이런 이유로 천연 칠레 초석과 석탄을 건류할 때 부산물로 얻을 수 있는 암모니아가 비료 및 산업의 원료로 사용되었습니다. 이 때문에 남미 칠레에서 칠레 초석을 대량으로 수입했고, 이에 따른 자원 고갈을 걱정하는 목소리가 높아졌습니다.

프리츠 하버

그렇다면 공기 중에서 약 80% 부피를 차지하는 질소를 이용할 수는 없을까요? 여러 화학자가 이렇게 생각하며 이 과제에 도전했고, 최종적으로는 하버와 카를 보슈Carl Bosch(1874~1940)가 개발한 하버·보슈법Haber-Bosch Process이 공업화되었습니다. 이 암모니아 합성법은 당시 화학 공업계에서는 경험해 보지 못한 200기압의 높은 압력과 550℃의 높은 온도로 질소와 수소를 반응시키는 방법이었습니다.

가장 어려웠던 것은 고온, 고압을 견디는 반응 장치를 개발하는 일이었고, 그 반응 장치를 개발하는 일은 보슈가 담당했습니다. 보슈는 철제 반응 장치가 느닷없이 터지는 사고를 당했지만 무사히 목숨을 건지고, 얼마 지나지 않아 고온, 고압에도 튼튼히 버티는 반응 장치를 만들어 냈습니다. 그리고 그 장치에서 산화 철(사산화삼철)에 산화 알루미늄과 알칼리를 첨가한 촉매를 사용해 암모니아를 합성하는 데 성공했습니다.

하버와 보슈는 암모니아 합성법의 성공으로 독일뿐만 아니라 전 세계의 식량 증산에 크게 공헌했습니다. 이 업적을 인정받아 하버와 보슈는 1918년, 1931년에 각각 노벨 화학상을 받았습니다.

하버는 독일의 독가스 무기 개발에도 앞장섰습니다. 그러나 히틀러가 이끄는 나치가 독일을 지배하자 유대인인 하버에게 싸늘한 바람이 불어왔습니다. 비할 데 없는 애국자였던 그도 독일을 떠날 수밖에 없었고, 실의에 빠진 채 생을 마감했습니다.

나일론의 발명

플라스틱 합성의 시작은 경질 고무(에보나이트)입니다. 경질 고무는 천연고무에 30~50%의 황가루를 혼합해 반죽한 다음 성형기에 넣고 가열해 굳힌 것으로, 과거에는 만년필 펜촉이나 흡연용 파이프에 사용했습니다.

19세기 후반 미국에서는 당구공을 만들 때 상아를 대신할 대용품을 찾는 현상 공모가 열렸습니다. 그때 만들어진 것이 셀룰로이드입니다. 셀룰로이드는 장뇌와 나이트로셀룰로스, 알코올을 섞어 굳혀서 만드는데, 천연물을 가공한 것이므로 반합성 수지로 부릅니다.

인류가 진정한 의미에서 최초로 인공적인 고분자를 만든 것은 20세기부터입니다. 1907년, 미국 화학자 리오 베이클랜드Leo H. Baekeland(1863~1944)는 페놀을 원료로 하는 첫 합성수지 베이클라이트를 발명했습니다. 베이클라이트는 소켓이나 전기 부품을 얹는 기판 등에 사용합니다.

이 발명을 계기로 합성 고분자 화합물 연구가 활기를 띠었습니다.

하버드 대학교에서 유기 화학 강사로 일하던 월리스 캐러더스는 1928년, 서른두 살의 젊은 나이에 듀폰사의 유기 화학 연구소장으로 초빙되었습니다.

캐러더스는 연구광들을 동원했습니다. 유기 화학 지식을 모아 저분자 중 다수가 결합(중합)해서 고분자가 될 만한 것을 닥치는 대로 합성했습니다. 1930년 4월, 꼼꼼하고 철저하게 일을 진행하던 그가 최초의 실용품 폴리클로로프렌을 발견합니다. 듀폰사는

즉시 공업 생산을 시작해 '네
오프렌Neoprene'이란 상품명을
붙여 시장에 내놓았습니다. 바
야흐로 합성 고분자 화학 공
업이 시작된 것입니다.

월리스 캐러더스

그러나 캐러더스의 진짜 목
적은 면이나 비단과 같은 천
연 섬유를 대신하는 섬유를
만드는 것이었습니다. 같은 해
인 1930년에 연구원 줄리언 힐Julian W. Hill은 고분자를 증류한 용기
속에 남은 찌꺼기를 잡아당기자 실처럼 가늘게 늘어나는 것을 발
견했습니다. 이것이 최초로 합성된 나일론이었습니다.

1935년 무렵까지 기초 연구를 완료하고, 1937년에는 마침내 섬
유로 실용화한다는 목표가 잡혔습니다. 난관은 중합도가 높은 고
분자를 합성하는 일이었습니다. 중합도가 낮으면 섬유로서 만족
스러운 강도를 유지할 수 없었기 때문입니다.

1938년에 시험 공장이 지어지고, 첫 발견으로부터 9년이 흐른
1939년에 본격적인 생산이 시작되었습니다. 듀폰사는 이것을 '물
과 공기와 석탄으로 만들어진, 거미줄보다 가늘고 강철보다 강한
꿈의 섬유'로 팔기 시작했습니다. 이렇게 세계 최초로 나일론을 사
용한 여성용 스타킹이 발매되었습니다. 과거의 실크 스타킹을 대

체한 튼튼한 스타킹은 금세 인기 상품이 되었습니다.

지금도 미국에서는 스타킹을 나일론이라고 부릅니다. 합성 플라스틱과 합성 섬유가 우리 일상생활에 침투한 사건이었습니다.

그런데 나일론을 발명한 캐러더스는 정작 듀폰사가 나일론의 발명을 발표하기 전인 1937년에 의문의 자살을 했습니다. 당시 이 프로젝트가 극비로 진행되었던 탓에 그의 사망 기사에는 '합성 고무 연구자'라는 제목이 붙었습니다.

나일론의 발명과 상업화 성공 이후로 다양한 합성수지와 합성 섬유, 합성 고무 등이 개발되었습니다.

7

인공 원소는
현대의 연금술일까?

19세기 말부터 20세기 초에 걸쳐 물리학 분야에서는 과거부터 이어진 자연 과학의 상식이 완전히 뒤집히는 새로운 발견이 연달아 일어났습니다. 여기서 이야기하는 자연 과학의 상식은 '원자는 물질의 가장 작은 단위이자 더는 잘게 쪼갤 수 없는 존재'라는 설 같은 것입니다. 원자 구조가 더욱 자세히 밝혀지면서 화학 변화를 통해 원자끼리 어떻게 결합하는지도 알게 됐습니다. 또 핵에너지가 원자 폭탄으로 현실화하였고, 과학자들은 자연에 존재하는 92종류의 천연 원소 외에 새로운 인공 원소도 만들어 냈습니다.

엑스선과 우라늄 화합물에서 나오는
방사선의 발견

　1874년, 영국의 윌리엄 크룩스William Crookes(1832~1919)는 금속 전극을 붙인 유리 방전관 내부를 진공에 가까운 상태로 만들고 전극에 높은 전압을 흘리면 양극(플러스극) 부근의 유리관이 빛나는 진공 방전을 연구했습니다. 당시 고도의 진공을 만드는 기술이 발전하고 있었기 때문에 과학자들은 진공에서 방전시키는 실험에 관심이 많았습니다. 크룩스는 음극(마이너스극) 쪽 금속에서 눈에 보이지 않는 광선 같은 것이 방사되고 있다고 생각하고, 그 광선 같은 것에 '음극선'이라는 이름을 붙였습니다.

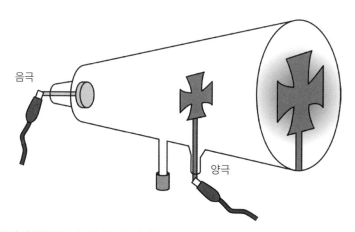

음극선 실험의 예시 이때 사용되는 진공 방전관을 크룩스관(Crookes Tube)이라고 한다.

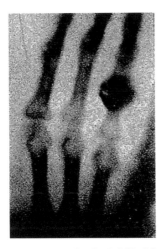

뢴트겐이 최초로 찍은 엑스선 사진은 아내의 손뼈 사진으로, 반지도 함께 찍혔다.(에밀리오 지노 세그레가 쓴《X-선에서 쿼크까지》에서)

1895년에는 독일의 빌헬름 콘라트 뢴트겐Wilhelm Conrad Röntgen(1845~1923)이 실험실을 어둡게 하고 진공 방전 실험을 하다가 우연히 엑스선(X선)을 발견했습니다.

음극선은 공기 중에서는 25cm 징도밖에는 나아가지 못하는데, 진공관에서 90cm가량 떨어진 곳에 있는 형광판이 형광을 발하는 것을 보고 놀랐습니다. '음극선과는 다른 미지의 방사선이 나오고 있는 게 아닐까?'라고 생각한 뢴트겐은 자기 가설을 확인하는 실험을 반복했습니다. 그 방사선은 종이를 통과했지만, 납으로 만든 판은 통과하지 못했습니다. 뢴트겐은 이 수수께끼의 방사선에 정체 불명의 'X'라는 뜻을 담아 엑스선이라고 이름 붙였습니다. 엑스선을 살아 있는 사람의 손에 대자 손뼈 사진이 찍혔습니다. 엑스선의 발견으로 뢴트겐은 1901년에 제1회 노벨 물리학상을 받았습니다.

프랑스의 앙투안 앙리 베크렐Antoine Henri Becquerel(1852~1908)은 1896년 우라늄 화합물에서 나오는 방사선을 발견했습니다. 베크렐의 이름은 현재 방사능의 국제단위(베크렐, Bq)로 사용됩니다.

베크렐은 우라늄 화합물과 같은 서랍에 넣어 놓았던 사진 건판이 검은 종이에 싸여 있어도 감광하고 있다는 걸 발견했습니다. '우라늄 화합물에서 검은 종이를 투과하는 엑스선처럼 눈에 보이지 않는 방사선이 나오고 있는 게 아닐까?'라고 생각하고, 이 방사선에 우라늄선(현재의 알파선)이라는 이름을 붙였습니다.

베크렐은 우라늄 원소(원자)만 들어 있다면 어떠한 화합물이든 우라늄 화합물의 성질을 가진다는 것, 다시 말해 원자 그 자체가 방사성을 가졌다는 사실을 밝혀냈습니다.

방사능 연구의 어머니 마리 퀴리

폴란드에서 태어난 마리아 스크워도프스카Marie Skłodowska-Curie(1867~1934)는 파리에서 결혼한 언니의 지원을 받아 1891년부터 파리 대학교에서 유학합니다. 폴란드에서는 여성에게 대학 입학의 길이 닫혀 있던 시절이었습니다. 마리아 스크워도프스카는 1895년에 여덟 살 연상인 피에르 퀴리와 결혼하면서 마리 퀴리, 오늘날 우리가 잘 아는 퀴리 부인이 되었습니다.

물리, 수학에서 학사 학위를 받고 중등 교원 자격증을 딴 마리의 다음 목표는 박사 학위를 받는 것이었습니다. 1897년에 마리는 박사 논문 주제로 1년 전 베크렐이 막 발표한 우라늄 화합물 방사선에 주목했습니다.

마리 퀴리

마리는 남편이 일하던 이화학 학교의 낡은 창고를 빌려서 우라늄 화합물이 내뿜는 방사선을 연구했습니다. 그는 우라늄 화합물이 방사선을 내보내는 성질은 우라늄 화합물 속에 함유된 우라늄양에 비례하며, 자발적으로 끊임없이 방사선을 내보낸다는 사실을 밝혀냈습니다.

그러자 새로운 의문이 생겼습니다. 방사선을 내보내는 성질을 가진 원자가 우라늄뿐일까? 다른 원자들도 있지 않을까? 이런 생각을 바탕으로 마리는 남편 피에르의 학교에 있는 광물 표본을 조사했고, 그 결과 1898년에 토륨 화합물도 우라늄선과 같은 방사선을 내보내는 것을 발견했습니다. 마리는 우라늄과 토륨이 방사선을 내는 성질과 능력에 '방사능'이란 이름을 붙였습니다.

또 강력한 방사능을 가진 우라늄 광물인 피치블렌드(섬우라늄석)에는 '우라늄보다 방사능이 훨씬 강한 원소(원자)가 들어 있을 것이다'라고 생각했습니다. 그래서 이 광물에 '강한 방사성을 가지는 미지의 원소가 들어 있을 것'이라는 가설을 발표했습니다. 새로운 원소를 연구하고 발표하려면 해당 물질을 확보하고, 원자량 등을

파리 퀴리 연구소 내 마리 퀴리 박물관에 보존된 마리의 연구실 모습(저자 촬영)

구할 필요가 있습니다.

마리의 연구에 피에르도 힘을 보탰습니다. 부부는 대량의 피치 블렌드에 다양한 화학 조작을 해서 광물을 분리했습니다. 그때마다 해당 부분의 방사능을 측정해 방사능이 강한 부분부터 분리하기를 반복하다가, 1898년 새로운 원소 폴로늄과 라듐을 발견했습니다.

폴로늄Polonium이라는 이름은 마리가 폴란드 출신인 데서 붙여진 이름입니다. 마리와 피에르는 1902년 순수한 형태의 라듐 화합물을 추출하는 데 성공합니다. 피치블렌드 수십 톤에서 추출된 라듐 화합물은 고작 100mg이었습니다.

부부는 이러한 방사능 연구 등으로 1903년 노벨 물리학상을 받았습니다. 두 사람에게 노벨 물리학상은 그야말로 '사랑의 결정체'였다고 할 수 있겠죠. 또 1897년에 태어난 부부의 맏딸 이렌 졸리오퀴리Irène Joliot-Curie 역시 물리학자가 됐고, 다시 한번 퀴리가에 노벨상을 안겨 주었습니다.

퀴리가의 영광과 비극

불행은 1906년 4월 19일 목요일에 갑작스레 찾아왔습니다. 그날 오후 2시 반쯤, 피에르는 과학자 회관에서 동료들과 대화를 나눈 뒤 센강을 가로지르는 퐁뇌프 다리 근처를 걷고 있었습니다. 다리 앞길을 걷던 피에르는 머릿속에 무슨 생각이 떠올랐는지 문득 차도를 가로질러 건너편 보도로 향했고, 때마침 맞은편에서 합승 마차가 달려왔습니다. 달리던 말에 부딪힌 피에르는 그대로 비에 젖은 길에서 미끄러지며 넘어졌고, 6톤 무게의 마차 뒷바퀴에 머리가 깔려 즉사했습니다.

마리는 남편을 잃은 상처를 마음속에 품은 채로, 자신과 두 딸 그리고 피에르의 아버지까지 4인 가족의 생계를 잇기 위해 일했습니다. 1906년에는 피에르의 뒤를 이어 파리 대학교 최초의 여성

교수로 임용돼 많은 연구를 했습니다. 1910년에는 순수한 라듐 금속을 뽑아내는 데 성공했고, 이듬해 노벨 화학상을 받습니다.

엑스선 등 최초의 방사성 물질이 발견되었을 당시에는 엑스선과 방사성 물질이 내뿜는 대량의 방사선이 인체에 어떤 영향을 미치는지 잘 알려지지 않았습니다.

베크렐은 유리 케이스에 넣은 미량의 라듐을 주머니에 넣었다가 복부에 화상 비슷한 증세를 입었습니다(이것을 라듐 피부염이라고 합니다). 그 소식을 들은 마리도 라듐을 팔에 대어 보았다가 홍반(피부에 생기는 붉은 반점)이 생기는 경험을 합니다.

이렇게 당시 과학자들은 급성 방사능증의 존재를 알게 됐지만, 장시간에 걸친 피폭의 영향은 좀처럼 예상하지 못했습니다. 마리는 제1차 세계 대전(1914~1918) 때 엑스선 치료반을 조직해서 유럽 각지의 야전 병원을 순회했습니다. 그렇게 오랜 세월 방사성 물질을 가까이에서 다룬 결과 점차 몸이 좀먹혔고, 결국 방사능증으로 이 세상을 떠났습니다.

이때 마리의 맏딸인 이렌은 어엿한 물리학자로서 방사능 연구를 계속하고 있었습니다. 이렌은 1926년 어머니 마리의 조수였던 프레데리크 졸리오Jean Frédéric Joliot-Curie와 결혼했는데, 퀴리라는 성을 남기기로 정한 부부는 함께 졸리오퀴리라는 성을 씁니다. 1934년 인공으로 방사성 원자를 만드는 실험에 성공한 졸리오퀴리 부부는 이 업적으로 1935년 노벨 화학상을 받았습니다. 퀴리 일가는 함께 원자 연구의 새로운 시대를 열었고, 퀴리 부부와 맏딸 이렌 부부가 모두 다섯 개의 노벨상을 받는 쾌거를 이루었습니다.

아인슈타인의 '기적의 해' 논문들과 원자설

원자량을 바탕으로 주기율표가 작성되고, 많은 과학자가 원자설을 지지하기 시작한 시점까지도 여전히 '원자나 분자는 아직 가설에 지나지 않는다, 정체를 알 수 없는 것은 고려하지 않는 편이 낫다'라고 주장하는 유력한 과학자들이 존재했습니다. 20세기 초반까지 원자와 분자가 정말 존재하는지는 큰 문제이자 논쟁거리였습니다.

스위스 특허국에서 일하는 공무원이었던 알베르트 아인슈타인 Albert Einstein(1879~1955)은 그의 나이 스물여섯이던 1905년, 현대 물리학 이론에 혁명을 가져온 논문들을 발표했습니다.[*] ① 그전까지 파동으로 여겨졌던 빛이 에너지 입자로 이루어졌다고 본 광양자설, ② 영국 식물학자 로버트 브라운Robert Brown(1773~1858)이 1827년(혹은 1828년)에 발견한 브라운 운동에 대한 이론적 해명,

---

◆   여기에 $E=mc^2$으로 유명한 질량 에너지 등가의 원리를 설명한 논문까지 더해 아인슈타인이 놀라운 네 편의 논문을 한꺼번에 발표한 1905년을 과학계에서는 기적의 해(Annus Mirabilis)라고 부른다.

③ 특수 상대성 이론이 바로 그것입니다.

이 중에서 두 번째 브라운 운동 해명을 살펴볼까요? $1\mu m$ (마이크로미터, 1천분의 $1mm$)가량의 미립자를 물과 같은 매질에 띄우고 200배 정도의 현미경으로 관찰하면 옴찔옴찔하며 살짝살짝 불규칙적으로 움직이는 것을 볼 수 있습니다.

알베르트 아인슈타인

이것을 브라운 운동이라고 합니다. 로버트 브라운이 발견해서 〈식물의 꽃가루에 들어 있는 미립자에 관하여〉라는 논문으로 발표했습니다.

꽃가루를 물에 적시면 물을 빨아들이며 부서지는데, 그때 꽃가루 안에서 나오는 미립자를 현미경으로 관찰하면 모든 미립자가 여기저기 돌아다니는 것을 알 수 있습니다. 처음에는 꽃가루에 들어 있는 미립자에서 관찰된 현상이므로 생명 활동에 따른 움직임이 아닐까 생각했습니다. 그런데 모든 미립자에서 같은 운동을 관찰할 수 있음이 확인되면서 생명 활동을 원인으로 보던 설은 부정되었습니다.

아인슈타인이 1905년에 발표한 두 번째 논문 〈정지 상태의 액

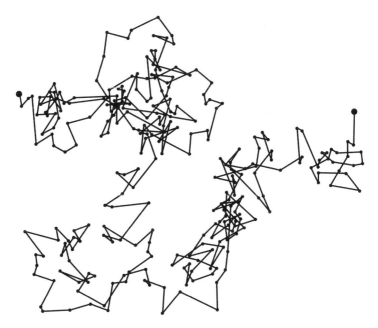

브라운이 발견한 미립자의 운동(브라운 운동) (장 바티스트 페랭의 《원자》를 참고로 한 그림)

체에서 부유하는 작은 입자에서 보이는, 열의 분자 운동론에서 요구되는 운동에 관하여〉 덕분에 브라운 운동의 이론이 확립되었습니다. 이 논문이 발표되고 나서, 1908년 프랑스 물리학자 장 바티스트 페랭Jean Baptiste Perrin(1870~1942)은 브라운 운동에 관한 정밀한 실험을 했습니다. 이렇게 해서 당시 과학자 사이에서도 계속됐던 원자, 분자의 실존 여부 논쟁에 드디어 마침표가 찍혔습니다. 원자와 분자의 존재가 가설의 틀에서 벗어나 사실이 된 일은 아인슈타인의 위대한 업적 중 하나입니다.

　19세기 말 영국 물리학자 조지프 존 톰슨Joseph John Thomson (1856~1940)은 진공 방전 때 음극에서 나오는 음극선에 전압을 가하면 양극 쪽으로 휘는 것에 주목해 음극선이 음전하를 가지는 전자의 흐름임을 발견했습니다. 또 음극의 금속 종류를 바꾸어도 같은 유의 음극선이 발생한다는 점에 주목해 모든 원자에 전자가 공통으로 포함되어 있음을 밝혀냈습니다.

　톰슨은 보통 물질은 전기적으로 중성이므로 여러 전자와, 전자의 음전하와 어울리는 양전하가 구형 원자 전체에 흩어져 있다고 생각하며 해당 원자 모형을 제창했습니다.

　이에 대하여 일본 물리학자 나가오카 한타로長岡半太郎는 음전하에 둘러싸인 전자가 양전하에 둘러싸인 입자 주변을 마치 토성의 고리 모양처럼 원궤도를 그리며 도는 토성형 원자 모형을 제안했습니다.

나가오카 한타로

　톰슨의 제자이자 영국의 핵물리학자인 어니스트 러더퍼드는 원자 안에 양전하를 가

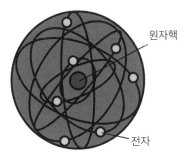

러더퍼드 원자 모형

원자핵

전자

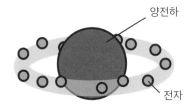

나가오카 원자 모형

양전하

전자

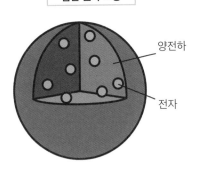

톰슨 원자 모형

양전하

전자

진 원자핵이 존재하는 것을 실험적으로 증명하는 데 성공했습니다. 그리고 이 증명에 따라서 나가오카의 토성형 원자 모형이 옳았다는 것을 인정받았습니다.

러더퍼드는 라듐에서 방사된 알파선(α선, 양전하를 가지는 입자)을 진공 속에서 매우 얇은 금박에 쪼이자 대부분의 알파 입자는 직선으로 나아가 금박을 통과했지만, 극히 일부 알파 입자(헬륨의 원자핵)는 큰 각도로 튕기는 현상을 발견했습니다.

이를 통해 러더퍼드는 '원자가 차지하는 공간은 널널하며, 중심에 양전하를 가지는 알파선과 반발

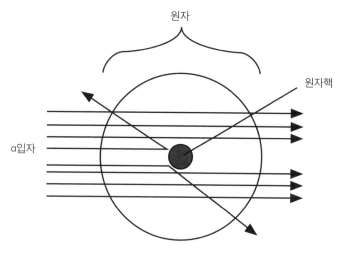

러더퍼드의 알파 입자 산란 실험

하는 양전하를 가지는 원자핵이 있고, 원자핵은 원자 전체와 비교

하면 매우 작을 것'이라고 예상했습니다.

그는 이 조건에 기반해 전자가 원자의 중심에서 양전하를 띤 원

자핵 주변을 돌고 있는 원자 모형을 제창했습니다. 러더퍼드의 원

자 모형은 나가오카보다 원자핵이 훨씬 작은 것이 특징입니다.

그 후, 원자핵은 양전하를 가지는 양성자와 전기적으로 중성인

중성자로 이루어지는 것이 밝혀졌습니다. 원자핵에 포함되는 양성

자 수는 원소에 따라서 결정되는데, 이 수를 원소의 원자 번호♦라

♦　중성 원자의 경우에는 전자의 수.

고 합니다. 또 전자는 매우 가볍기 때문에 원자의 질량은 대부분 양성자와 중성자의 수로 정해지며, 양성자 수와 중성자 수의 합을 질량수라고 합니다.

현재 원자에 관해 밝혀진 사실은 다음과 같습니다.

- 원자의 크기는 약 1㎝의 1억분의 1 정도다.
- 중심에 있는 원자핵의 크기는 그 원자의 약 10만분의 1 정도다. 즉 원자의 크기가 도쿄돔만 하다면, 그 원자핵의 크기는 1엔짜리 동전 정도인 셈이다.*
- 원자핵은 양성자와 중성자로 이루어져 있다.
- 주변에 있는 전자들은 매우 작은데, 무게로 따지면 수소 원자핵의 약 1,800분의 1 정도다. 따라서 원자의 질량은 대부분 원자핵의 질량과 같다고 보아도 무방하다.

원자는 중심에 원자핵(양성자와 중성자)이 있고, 그 주위로 전자가 있습니다. 각 원소의 원자는 원자핵의 양성자 수로 원자 번호를 배정받습니다. 양성자 수는 전자 수와 같습니다. 전자는 기준 없이 대충 배열된 게 아니라, 규칙적인 법칙에 따라서 전자껍질에 배치돼 있습니다.

♦   도쿄돔의 크기는 46,755m²이며, 1엔 동전은 직경 2㎝이다.

헬륨 원자의 내부

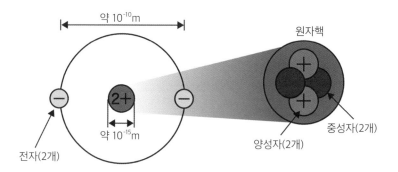

약 10^{-10}m

원자핵

2+

약 10^{-15}m

중성자(2개)

양성자(2개)

전자(2개)

전자껍질 모형

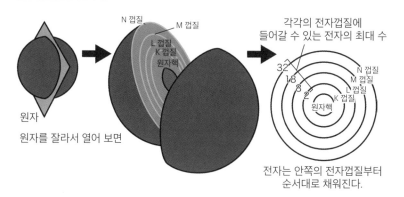

N 껍질   M 껍질

L 껍질
K 껍질
원자핵

원자

원자를 잘라서 열어 보면

각각의 전자껍질에
들어갈 수 있는 전자의 최대 수

32   N 껍질
18   M 껍질
8   L 껍질
2   K 껍질
원자핵

전자는 안쪽의 전자껍질부터
순서대로 채워진다.

현재의 원자 모형과 동위 원소의 정의

현대 원자 모형에서는 전자가 원자핵 주위에 드문드문 존재하는 궤도를 돌고 있는 것으로 봅니다. 그러나 이 전자구름 모형(또는 오비탈 모형)에서 전자의 움직임은 파동의 성질을 강하게 띠며, 원자 전체에 퍼져서 존재합니다. 그러므로 전자 입자가 또렷한 궤적을 그리는 다른 모형과는 차이가 있습니다. 이 모형을 설명할 때는 테두리가 흐릿한 전자구름이 원자핵을 둘러싸고 있는 이미지가 곧잘 사용됩니다. 구름은 전자가 입자가 아니며 확률적으로 존재함을 표현한 것이죠. 각 전자의 존재 확률이 높은 부분은 전자껍질에 대응하고 있다고도 할 수 있으니, K 껍질, L 껍질 등과 같은 전자껍질 모형도 어느 정도는 원자의 실태를 반영하고 있는 면이 있습니다.

실험에 기반한 정의에서는 원소를 순수한 물질, 즉 '어떠한 화학적 방법으로도 두 종류 이상의 물질로 나눌 수 없으며 또한 어떠한 두 개 이상의 물질을 화합해서 만들 수 없을 때, 그 순수한 물질을 이루고 있는 것'으로 봅니다. 예컨대 물은 전기 분해를 통해 수소와 산소로 나눌 수 있으므로 원소가 아닙니다. 수소와 산소는 더별개의 물질로 나눌 수 없으므로 둘 다 원소입니다.

하지만 수소에는 일반적인 수소인 경수소輕水素와 경수소보다질량이 큰 중수소重水素가 있습니다. 삼중 수소도 있지만 천연적으로는 극히 드물게 존재하므로 여기에서는 무시합시다. 인간이 합성한 종류까지 따지자면 사중 수소, 오중 수소, 육중 수소, 칠중 수소까지 존재하지만 무시하세요. 주기율표에서는 모두 '수소' 한 칸에 들어갑니다. 모두 원자에 전자 하나, 양성자 하나가 들어 있는 것은 같지만, 원자핵의 중성자 수가 각기 다른 것이 차이입니다.

이처럼 원자 번호가 같아도 실제로는 원자핵이 다른 몇 종류가 함께 포함된 경우가 있습니다. 이것을 동위 원소라고 합니다.

동위 원소는 원자 번호, 즉 원자핵 속의 양성자 수는 같아도 원자핵의 중성자 수가 달라서 질량수(=양성자 수＋중성자 수)가 다른 원자입니다.

물에는 경수소와 산소로 이루어진 일반적인 물輕水과 중수소와 산소로 이루어진 중수重水가 있습니다. 우리가 마시는 물은 대부분 경수이지만, 극소량 중수도 섞여 있습니다. 음용수 1톤당 중수는 약 160g 정도인데, 물을 전기분해 하면 분해 속도 차이에 따라서 경수소와 중수소를 분리할 수 있습니다.

그러면 조금 이상한 상황이 벌어집니다. 실험에 기반한 원소의 정의로 보면 경수소와 중수소가 별개의 원소라는 결론이 나기 때문입니다. 실험 기술이 발전하면 같은 원소로 묶어 두고 싶었던 것들까지 별개의 원소로 만들 수밖에 없는 상황이 생깁니다. 그래서 화학에서는 실험과는 관계없이 원자가 가지고 있는 성질을 기반으로 원소를 정의하기로 했습니다.

원소란 원자핵의 양성자 수로 나눈 원자의 종류를 말한다.

이렇게 정의하면 '경수소와 중수소는 수소 원소에 소속된다'라고 할 수 있습니다. 1959년에 미국의 양성자 화학자인 라이너스 폴링Linus Carl Pauling(1901~1994)이 《일반 화학General Chemistry》이라는 교과서를 쓴 후에 화학자 사이에 퍼진 정의입니다.

안정 동위 원소와 방사성 동위 원소

동위 원소에는 방사성을 가지지 않는 안정 동위 원소와 방사선을 내뿜는 방사성 동위 원소가 있습니다. 방사성 동위 원소는 방사선을 방출해서 방사능이 시간과 함께 점차 감소합니다. 방사능이 원래 있던 양의 절반이 될 때까지의 시간을 반감기라고 합니다.

아이오딘의 동위 원소에는 아이오딘-123(123I라고 적습니다), 아이오딘-125, 아이오딘-127, 아이오딘-128, 아이오딘-129, 아이오딘-131 등 전부 서른일곱 종류가 알려져 있습니다. 그중 안정 동위 원소는 아이오딘-137 하나뿐이고, 나머지는 모두 방사성 동위 원소입니다. 우리가 해조류를 먹어서 섭취하는 영양소 아이오딘은 안정 동위 원소 중 하나입니다.

체르노빌 원자력 발전소 사고와 후쿠시마 제1 원자력 발전소 사

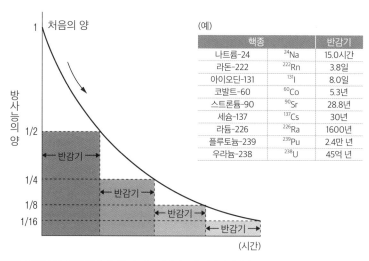

핵종		반감기
나트륨-24	^{24}Na	15.0시간
라돈-222	^{222}Rn	3.8일
아이오딘-131	^{131}I	8.0일
코발트-60	^{60}Co	5.3년
스트론튬-90	^{90}Sr	28.8년
세슘-137	^{137}Cs	30년
라듐-226	^{226}Ra	1600년
플루토늄-239	^{239}Pu	2.4만 년
우라늄-238	^{238}U	45억 년

방사능이 줄어드는 방식(반감기) (출처: 일본 원자력 문화 재단 홈페이지)

고 때 아이오딘-131, 세슘-134, 세슘-137 등이 대기 중에 방출되어 큰 문제가 되었습니다.

이들의 반감기는 아이오딘-131이 약 8일, 세슘-134가 2년, 세슘-137이 약 30년입니다. 예를 들어 아이오딘-131 원자가 1억 개 있었다고 가정하면 8일째에 5천만 개가 되고, 거기서 8일(첫날로부터 16일)이 더 지나면 1,250만 개가 됩니다. 8일마다 절반이 된다는 이야기입니다. 현재는 사고 당시 방출된 아이오딘-131은 사라진 셈이죠.

방사능, 방사성 물질, 방사선

방사능, 방사성 물질, 방사선, 이 세 개의 단어는 굉장히 비슷합니다. 세 단어에 공통으로 들어간 방사放射란 '하나의 점에서 사방팔방으로 튀어 나가는 일', '물질이 빛이나 입자 등을 주변에 내뿜는 일'이라는 의미입니다. 방사능의 능能은 능력, 방사성 물질은 물질, 방사신의 신線은 '입자나 진자파가 튀어 나가는 선을 말합니다.

타고 있는 양초를 예시로 들어 이 세 단어를 설명해 봅시다. 양초라는 물질은 방사성 물질에 해당합니다. 양초는 큰 것도 있고 작은 것도 있습니다. 즉 양초에 따라서 능력에 차이가 있다는 말인데, 이것이 방사능에 해당합니다. 능력이 다른 각각의 양초가 만들어 낼 수 있는 빛의 세기나 양은 모두 다릅니다. 그런 촛불이 불꽃에서 '뿜어내는 빛'이 방사선에 해당합니다.

방사성 물질이 내뿜는 대표적인 방사선에는 알파α선, 베타β선, 감마γ선이 있습니다.

알파선 헬륨 원자핵(두 개의 양성자와 두 개의 중성자가 단단히 결합한 입자)의 흐름

베타선 원자핵 안에서 튀어나온 전자의 흐름

감마선 엑스선과 비슷한 에너지가 높은 전자기파

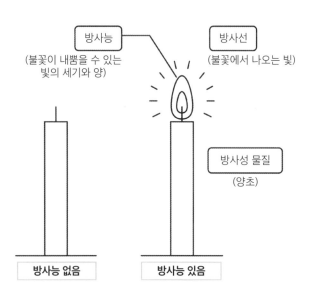

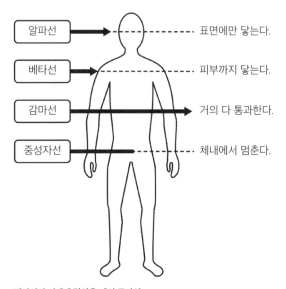

방사선이 인체에 닿았을 때의 투과성

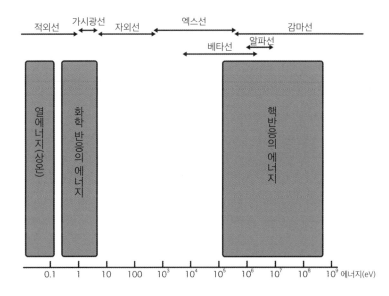

방사선의 에너지와 다양한 에너지의 영역

그 밖에도 방사선에는 엑스선, 중성자선 등이 있습니다. 방사선 들은 사진의 필름을 감광시키고, 형광 물질을 빛나게 하거나 물질 내부를 통과(투과)하기도 합니다. 특히 물질을 투과하는 성질은 인 체나 작물 내부에 들어가 세포 성분과 조직에 악영향을 줄 수 있 지만, 우리는 반대로 그런 성질을 이용해서 위나 가슴 등의 엑스선 촬영이나 암의 치료 등 의료 부문에 활용하기도 합니다.

화학 반응 에너지와 비교해
현저히 큰 핵에너지

방사선이 가지는 에너지는 방사선 발견 이전 인류가 경험했던 에너지와는 규모부터 현격히 다릅니다. 단위는 전자볼트 eV(일렉트론볼트)로 표시합니다. 1eV는 전자 1개를 전위차[◆] 1V로 가속했을 때의 에너지로, 1.6×10^{-19}J입니다. 화학 반응 때 교환되는 에너지는 원자나 분자 한 개당으로 따지면 수 eV 정도지만, 방사선이 가지는 에너지는 그와 비교해 현저히 큽니다.

방사선의 방대한 힘을 이용한 원자 폭탄이 실제로 사용된 것은 제2차 세계 대전 때입니다. 1945년 8월 6일, 미군은 일본 히로시마시에 세계 최초 우라늄제 원자 폭탄 리틀 보이Little Boy를 투하했고, 폭발 중심지에서 2km 이내가 전소해 같은 해 말까지 14만 명이 사망한 것으로 추정됩니다. 같은 달 9일에는 일본 나가사키시 북부 우라카미 지구에 플루토늄제 원자 폭탄 팻맨Fat Man을 투하했습니다. 약 1만 3천 가구가 전멸하고, 같은 해 말까지 사망자 7만 4천 명이 발생했던 것으로 추정됩니다.

원자 폭탄에 사용하는 것은 우라늄-235 혹은 플루토늄-239입

◆　電位差, 전기장 안의 한 기준점과 다른 점 사이의 전기적 위치 에너지의 차이를 뜻하며, 전압(V, 볼트)이라고도 한다.

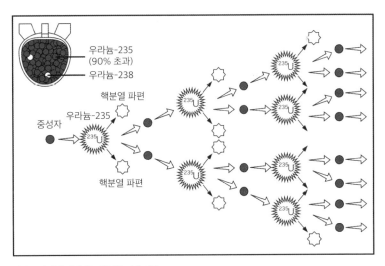

원자 폭탄에서 일어나는 핵분열 연쇄 반응

니다. 우라늄-235는 히로시마에 떨어진 원자 폭탄에, 플루토늄
-239는 나가사키에 떨어진 원자 폭탄에 사용되었습니다.

　우라늄-235는 천연 우라늄 중에서도 0.7%밖에 되지 않습니다.
나머지 99.3%는 중성자로는 핵분열이 어려운 우라늄-238입니다.
그래서 우라늄-238을 농축해 고순도(90% 초과) 우라늄-235를 만
들어 핵연료로 삼았던 것입니다.

　우라늄-235의 원자핵에 중성자를 부딪치면 두 개의 새로운 원
자핵으로 쪼개집니다. 이것을 핵분열이라고 합니다. 이때 중성자
가 두세 개 튀어 나가면서 동시에 많은 에너지를 방출합니다. 우라
늄-235 한 개에 핵분열을 일으키면 그때 튀어 나간 중성자가 가까

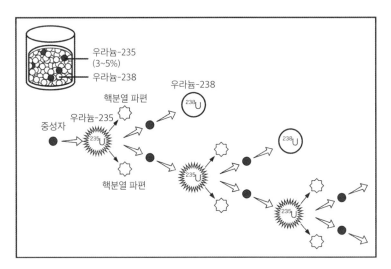

우라늄-235
(3~5%)

우라늄-238

우라늄-238

핵분열 파편

우라늄-235

중성자

핵분열 파편

원자력 발전 원자로에서 일어나는 핵분열 연쇄 반응

이에 있는 우라늄-235에 부딪혀서 핵분열을 일으킵니다. 여기서
튀어 나간 중성자가 또한 가까이에 있는 우라늄-235에 부딪혀 핵
분열을 일으킵니다. 이처럼 차례차례 반응이 일어납니다. 이것이
바로 '핵분열 연쇄 반응'입니다.

핵분열 연쇄 반응으로 생기는 막대한 에너지를 평화롭게 이용
하는 것이 '원자력 발전'입니다. 핵분열 연쇄 반응을 제어해 핵반
응을 천천히 일으키고, 이때 핵분열에서 발생한 열로 물을 고온,
고압의 수증기로 만들어 터빈을 돌립니다. 그리고 그 힘으로 발전
기를 돌리는 원리입니다.

원자력 발전의 연료로는 우라늄제 원자 폭탄과 같은 우라

늄-235를 쓰되, 농축도 약 3%의 저순도 우라늄을 사용합니다. 원자력 발전은 대폭발이 필요한 원자 폭탄과 달리 핵분열이 천천히 오래 이어져야 하기 때문입니다. 그러므로 원자로 폭발의 위험성은 원자 폭탄이 일으키는 핵폭발만큼은 되지 않습니다.

태양의 에너지원

두 개의 원자핵이 가까워지면 하나로 융합해서 새로운 원자핵이 생기는 핵반응을 핵융합 반응이라고 합니다. 이때 전체 질량이 조금 감소하면서 그만큼의 에너지로 변신합니다.

태양의 에너지가 바로 핵융합 반응입니다. 태양 안에서는 수소 원자 네 개가 융합해서 헬륨 원자 한 개를 만드는 핵융합 반응이 일어납니다. 헬륨 원자 한 개의 질량은 수소 원자 네 개만큼의 질량보다 0.7% 정도 가벼우므로, 이 잃어버린 질량이 에너지로 변해 태양 에너지의 근원이 됩니다.

지구 대기권 바깥에서 태양에 대하여 수직으로 $1cm^2$인 면이 1분간 받아들이는 에너지는 8J(약 2cal)입니다. 지구 전체는 태양으로부터 1.02×10^{19}J의 막대한 에너지를 받아들이고 있습니다. 그런데도 지구에 닿는 태양 에너지는 태양이 우주 공간에 방출하는 전체 에너지양의 고작 20억분의 1에 불과합니다.

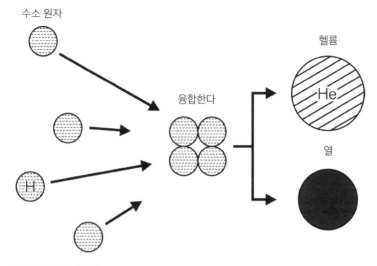

수소 원자

융합한다

헬륨

He

열

태양에서 일어나는 핵융합

현재 핵융합 반응에 기반한 열에너지로 발전하는 핵융합로˙ 연구 프로젝트가 진행 중입니다. 플라스마를 효율적으로 가두는 기술이 핵심 과제입니다.

또한 중수소와 삼중 수소(트리튬)의 핵융합 반응을 이용하여 만든 것이 강력한 핵병기인 수소 폭탄입니다.

◆ 국제 핵융합 실험로(International Thermonuclear Experimental Reactor, ITER), 지구의 땅 위에서 태양의 핵융합 에너지를 발생시키고 상용화할 수 있을지 가능성을 실증하기 위한 국제 공동 과학 기술 프로젝트. 참여하는 국가는 한국, 미국, 러시아, EU, 일본, 중국, 인도 등 7개국이며, 일본에서는 이 ITER 사업을 '지상의 태양(地上の太陽)'이라고 부른다.

인공 원소를 만드는 시도

보통의 화학 변화에서 원자는 다른 원자와의 결합 등을 통해 그 조합을 바꾸지만, 원자핵 자체가 다른 원자핵으로 바뀌는 일은 없습니다.

그러나 방사성 물질에서 방사선이 나오는 현상을 집중적으로 연구한 영국의 어니스트 러더퍼드 등은 1902년 '불안정한 우라늄 원자핵은 방사선을 내뿜고 자연스럽게 파괴돼 다른 원자핵이 되고, 그 원자핵도 방사선을 내뿜으면서 다른 것으로 바뀐다'라는 가설을 이야기했습니다. 원자핵이 붕괴한다는 이론입니다.

1919년, 러더퍼드는 질소 원자핵에 알파선을 충돌시켜 산소 원자핵으로 바꾸는 데 성공했습니다. 알파선이 질소 원자핵에 충돌함으로써 헬륨 원자핵이 질소 원자핵에 흡수돼 양성자가 튀어나왔기 때문입니다.

러더퍼드의 실험 덕분에 원자핵에 중성자와 알파선 등을 충돌시키면 다른 원자핵으로 바뀔 수 있으며, 이를 이용해 인공적으로 원자핵의 변환을 일으킬 수 있다는 사실이 밝혀졌습니다. 이때 만들어진 산소 원자핵은 자연에서 대부분을 차지하는 양성자 8개, 중성자 8개를 가진 산소 원자핵은 아니었지만, 자연에도 미량 들어 있는 방사성을 가지지 않는 동위 원소였습니다.

인공 원소에는 방사능을 가지는 것이 있습니다. 예를 들면 코발

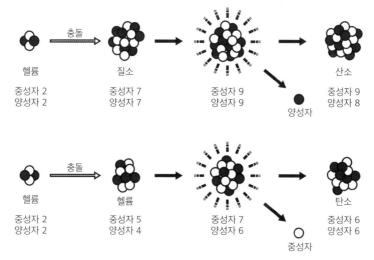

알파선으로 질소 원자핵이 산소 원자핵으로, 헬륨 원자핵이 탄소 원자핵으로 바뀌는 모형

트-59에 중성자를 충돌시키면 코발트-60이 됩니다. 코발트-59는 방사능을 가지지 않지만, 코발트-60은 감마선을 내뿜는 방사성 핵종으로, 암 치료 등 의료 목적으로 사용합니다.

자연에는 원자 번호 92번 우라늄까지 존재하지만, 주기율표에는 그 이후의 원자 번호를 가진 원소도 실려 있습니다. 원자 번호 93번 이후의 원소들은 원자핵에 알파 입자, 양성자, 중수소, 중성자 등을 충돌시켜 다른 원자핵(초우라늄 원자핵)을 만들어 낸 것으로, 모두 방사성을 띱니다.

원자 번호 43번 테크네튬도 인공적으로 합성된 원소입니다. 1930년대에 캘리포니아 대학교의 가속기(전자와 양성자 등의 입자를 빛의 속도 근처까지 가속해 높은 에너지 상태를 만들어 내는 장치)에서 수소 원자핵에 중성자가 더해진 중수소를 몰리브데넘에 충돌시키는 실험을 했습니다. 원자 번호 42번 몰리브데넘에는 양성자가 42개 있습니다. 몰리브데넘의 원자핵에 양성자를 1개 더 넣으면 양성자가 43개 있는, 원자 번호 43번의 미지의 물질이 만들어질 거로 생각한 실험이었습니다. 그리고 1937년, 드디어 원자 번호 43번 원소가 만들어졌습니다. 이 원소는 인공적으로 만들어진 최초의 원소라는 뜻에서 그리스어 '인공Technetos'에서 따온 테크네튬이라는 이름을 얻었습니다.

이후 가속기를 사용한 원소가 많이 만들어졌고, 현재도 새로운 원소의 합성이 계속되고 있습니다.

8

노벨상과
현대 화학 기술

마지막으로 광촉매, 탄소 나노 튜브, 네오디뮴 자석, 리튬 이온 전지에 관해 이야기하겠습니다. 이들의 발견자, 발명자는 모두 노벨상 후보에 올랐습니다. 다이너마이트와 노벨 그리고 노벨상부터 알아볼까요?

다이너마이트와 노벨

매년 알프레드 노벨Alfred B. Nobel(1833~1896)의 기일인 12월 10일에 스톡홀름과 오슬로(평화상)에서는 노벨상 수상식이 열립니다. 노벨상은 다이너마이트 발명과 유전 개발로 막대한 부를 쌓은 알프레드 노벨이 자기 유산으로 '과거 1년간 인류에 가장 공헌한 인물'에게 상을 주도록 유언한 데서 시작했습니다. 스톡홀름에 본부를 둔 노벨 재단이 설립되고, 1901년부터 노벨상을 수여하기 시작했습니다. 제1회는 물리학, 화학, 의학 및 생리학, 문학, 평화 등 다섯 부문이었습니다.

1833년 스웨덴에서 태어난 노벨은 1842년 러시아 페테르부르크(현재의 상트페테르부르크)로 이주했습니다. 그는 당시 유럽에서 화제였던 나이트로글리세린을 만들려고 아버지, 형제들과 함께 작은 폭약 공장을 세웠습니다. 나이트로글리세린은 무색투명한 액상 물질로, 열을 가하거나 약간의 충격을 가하면 무섭게 폭발합니다. 그런 폭발력 때문에 운반과 보존이 어려운 물질이었습니다.

알프레드 노벨

저는 고등학교 화학 수업에서 종종 나이트로글리세린을 사용한 폭발 실험을 보여 줍니다. 극소량을 합성하면서 중간에 폭발하지 않도록 얼음물로 식혀 가면서 반응시키죠. 학생에게는 절대로 시키지 않고 제가 직접 실험합니다. 아주 소량만 다뤄도 폭발력과 위력이 굉장하기 때문입니다.

노벨의 공장에서도 엄청난 폭발 사고가 일어나 건물이 무너지면서 안에 있던 직원 여럿이 사망했습니다. 사건 희생자에는 그의 막내 남동생도 있었습니다. 노벨의 아버지는 이 사고에 충격받고 얼마 후 세상을 떠났습니다. 그는 남은 형제들과 힘을 모아 폭약을 안전하게 만들기 위한 연구에 열중했습니다.

얼마 후, 나이트로글리세린을 규조토와 섞자 폭발력은 유지되면서도 안전성이 높아져 취급하기 쉬워진 것을 발견합니다. 그렇게 다이너마이트가 탄생했습니다. 참고로 규조토는 바닷속에 사는 단단한 이산화 규소 껍질을 가진 식물 플랑크톤 규조의 사체가 바다 밑에 쌓여서 만들어진 흙입니다. 숯불을 피울 때 사용하는 일본식 풍로도 규조토로 만듭니다.

발명가였던 그는 다이너마이트 외에도 무연 화약 발리스타이트 Ballistite를 개발해 군용 화약으로 각국에 팔았습니다. 세계 각지에서 폭약 공장을 열다섯 개를 경영했고, 러시아에서는 바쿠 유전을 개발해 막대한 부를 쌓았습니다.

노벨 평화상을 유언에 남긴 진짜 의도

노벨이 자기 발명품이 전쟁에 사용돼 세상에 '빚'을 지었다는 죄책감을 품고 노벨 평화상 등의 표창을 유언에 남겼다고 생각하는 사람이 많을 겁니다. 그러나 정작 노벨의 생각은 조금 달랐습니다.

아직 다이너마이트를 발명하기 이전에 노벨은 자신을 찾아온 평화 운동가 주트너Bertha von Suttner에게 이런 말을 했습니다.

"영원히 전쟁이 일어나지 않도록 하기 위해 경이로운 억지력을 가진 물질이나 기계를 발명하고 싶습니다."

"적과 아군이 단 1초에 상대를 완전히 파괴할 수 있는 시대가 닥친다면……"

"모든 문명국은 그 위협 때문에라도 전쟁을 포기하고 군대를 해산할 겁니다."

즉 순식간에 서로를 멸망시킬 수 있는 병기가 만들어진다면 그 공포 때문에라도 전쟁을 일으킬 엄두도 내지 못할 거로 생각했던 겁니다. 우수한 군용 화약을 개발해서 각국 군대에 팔아넘긴 배경에는 노벨의 그러한 생각이 숨어 있었을지도 모릅니다.

이런 생각은 노벨상을 설치하라는 유언에 적힌 '국가 간 우호 관계를 촉진하고 평화 회의 설립과 보급에 힘쓰며, 군비 폐지와 축소에 가장 큰 노력을 한 자'에게 수여하라는 평화상의 취지와 얼핏 모순되는 듯이 느껴집니다.

그가 이런 취지의 평화상을 결심했던 시기는 서양에서 전쟁 반대를 주제로 한 주트너의 소설《무기를 내려놓아라!Die Waffen nieder!》가 한창 화제인 때였습니다. 그 소설에 감동해서 평화상을 생각한 것은 아니냐는 추측도 전해집니다.

광촉매의 발견과 응용

광촉매란 빛이 닿으면 스스로 변하지는 않지만, 유기물의 화학 반응을 촉진하는 물질을 말합니다. 특히 산화 타이타늄이 잘 알려져 있습니다. 광촉매는 빛을 받으면 수만℃에서의 연소에 필적하는 강력한 산화력을 발생시키며 오염 물질과 미생물 등을 분해합니다.

1967년, 도쿄 대학교 대학원에서 석사 과정을 밟고 있던 후지시마 아키라藤嶋昭는 혼다 게이치本多健─ 당시 조교수의 연구실에서 한창 발생 중이던 기체를 발견합니다. 산화 타이타늄과 백금 전극 두 개를 도선에 연결해 물속에 집어넣고 산화 타이타늄 전극에 강한 빛(자외선)을 비추는 실험 도중에 벌어진 일이었습니다. 기체를 채취해 분석해 보니 물이 분해되어 발생한 산소였습니다.

거기서 연구를 더욱 진행한 결과를 1972년 〈네이처〉지에 발표했습니다. 이 현상은 발견자의 이름을 따서 '혼다-후지시마 효과'로 부릅니다.

후지시마 아키라

태양광과 물만으로 산소를 분리할 수 있다면 싼값에 수소 가스를 얻을 수 있습니다. 따라서 제2차 석유 위기를 겪고 있었던 1980년 무렵에는 광촉매로 얻을 수 있는 수소가 중요한 에너지원이 될 수 있으리란 희망이 가득했습니다. 수소 에너지로 에너지 문제를 해결하겠다는 요량이었습니다. 그러나 실제로는 태양광 중에서도 자외선만을 이용하기 때문에 수소를 대량으로 생산한다는 목적을 만족시킬 결과는 나오지 않았습니다.

하지만 이 현상으로 물뿐만 아니라 여러 종류의 유기물을 분해할 수 있다는 사실이 밝혀졌습니다. 1990년경에는 그 강한 산화력을 유해 물질을 분해하는 용도로 사용할 수 있다는 사실을 새롭게 발견했습니다. 세균과 바이러스의 비활성화, 공기 중의 폼알데하이드와 질소 산화물에서 비롯된 유해 물질을 분석하는 역할 등을 할 수 있었죠.

물과 어울리기 쉬운 초친수성 기능도 또 하나의 장점입니다. 산

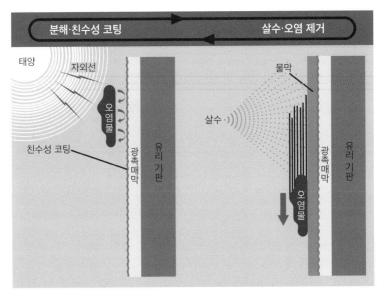

광촉매 효과의 매커니즘 유리창 표면의 오염은 광촉매막이 유기물을 분해하는 원리에 따라서 부착력이 감소하며, 나아가 유리 표면에 친수성 코팅이 되기 때문에 빗물에 오염물이 잘 흘러내린다.(오키 유리 주식회사 홈페이지를 참고하여 그림)

화 타이타늄을 $10\sim20nm$정도의 매우 작은 가루로 만들어 다양한 물질에 코팅하면, 대단히 작은 입자 덕에 투명하게 코팅됩니다. 여기에 태양광이 닿으면 강한 산화력이 작용하면서 광촉매로 작용합니다.

또 산화 타이타늄에 자외선을 쏘이면 매우 쉽게 물과 융합합니다. 표면에 드리운 소량의 물방울이 극히 얇고 균일하게 뒤덮듯이 전면으로 퍼집니다. 이 때문에 산화력만으로는 분해하지 못했던 지독한 기름때도 물을 한번 끼얹는 것만으로 떨어지게 해 쉽게 제거할 수 있습니다.

그래서 산화 타이타늄은 현재 벽 세척제, 욕실 김 서림 방지제 등에 이용됩니다. 산화 타이타늄의 분해 및 제거 프로세스를 '셀프 클리닝'이라고 하는데, 이는 타일이나 유리창, 벽 외에도 반사경이나 텐트용 천 등에 광범위하게 활용됩니다.

또 옛날에는 산화 타이타늄 광촉매가 옥외같이 강한 자외선이 닿는 곳에서만 성능을 발휘했지만, 가시광선을 이용할 수 있게 되면서 응용 범위가 훌쩍 넓어졌습니다. 현재는 산화 타이타늄 표면에 철이나 구리 이온으로 이루어진 조촉매(활성화제)를 부착해서 가시광선으로도 유기물을 분해할 수 있습니다. 즉 자외선이 없는 형광등이나 LED 조명으로도 사용할 수 있어 실내의 휘발성 유기물이나 알레르겐 제거, 벽지와 바닥재, 공기 정화기 등에도 응용할 수 있게 되었습니다.

풀러렌과 탄소 나노 튜브의 발견

지금까지의 연구에서는 탄소의 동소체(같은 원소로 구성되지만 화학적, 물리적 성질이 다른 관계)라고 하면 비결정성 탄소, 흑연, 다이아몬드, 이렇게 세 가지만을 꼽았습니다. '탄소는 흔한 원소여서 이미 알 건 다 알아냈으며, 다른 동소체는 없다'라는 것이 통설이었지요.

211

그런데 1985년에 새로운 분자가 발견됩니다. 그것이 바로 60개의 탄소 원자가 12개의 오각형과 20개의 육각형을 이루어 전체적으로 축구공을 빼닮은 아름다운 구형의 분자 풀러렌(C_{60})이었습니다. 영국 서식스 대학교 교수 해럴드 크로토Harold Kroto(1939~2016), 미국 라이스 대학교 교수 리처드 스몰리Richard E. Smalley(1943~2005)와 로버트 컬Robert F. Curl, Jr.(1933~2022), 세 사람이 발견했습니다. 이들은 1996년 노벨 화학상을 받았습니다.

형태가 건축가 버크민스터 풀러Richard Buckminster Fuller가 설계한 돔과 닮았다고 해서 버크민스터 풀러렌이라고도 불립니다. 그 이후 C_{60} 외에도 C_{70}, C_{76}, C_{78}, C_{84} 등 탄소 수가 큰 분자가 발견됐는데, 이것들도 모두 풀러렌이라고 부릅니다.

탄소 동소체에는 구형뿐만 아니라 원통형이 있다는 것도 밝혀졌습니다. 풀러렌의 동류로 분류되기도 하는 탄소 나노 튜브입니다. 영어로 카본 나노 튜브Carbon Nanotube, CNT라고 부르는데, 'Carbon=탄소', 'Nano=나노미터', 'Tube=원통'이라는 세 가지 단어를 조합한 명칭입니다. 이름 그대로 탄소 원자가 그물망처럼 결합해서 원통형을 이루었고, 사람 머리카락 굵기의 5만분의 1에 해당하는 나노미터 단위의 매우 가느다란 지름을 가졌습니다.

1990년에는 풀러렌 C_{60}을 대량으로 합성하는 방법이 발견되었습니다. 탄소 전극을 아크 방전으로 증발시키자 양극(플러스극) 쪽에 쌓인 '그을음'에 C_{60}이 대량으로 함유되어 있었던 것입니다.

1990년대 초반 과학계가 풀러렌 붐으로 들끓었던 시절, 음극(마이너스극) 쪽에 쌓인 그을음을 관찰한 인물이 있었습니다. NEC 기초 연구소의 이지마 스미오飯島澄男(현 메이조 대학교 종신 교수 겸 NEC 특별 수석 연구원)였습니다. 이지마가 음극을 떼어

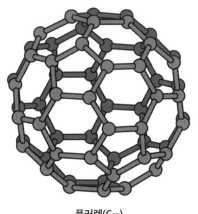

풀러렌(C_{60})

전자 현미경으로 살펴보니 놀랍게도 풀러렌 같은 구형이 아니라 수많은 바늘 모양 결정의 모습이 찍혀 있었습니다. 탄소 나노 튜브는 1991년에 이렇게 발견되었습니다. 이지마는 탄소 나노 튜브 발견과 전자 현미경을 통해 구조 결정을 밝혀내 이름을 떨쳤습니다.

탄소 나노 튜브는 탄소 원자끼리 매우 강하게 결합하고 있어서 아주 가볍고 튼튼하며, 약품과도 반응하지 않고 안정되어 있습니다. 탄소는 전류가 통하지 않지만 탄소가 겹쳐진 그라파이트(흑연, 전기 분해나 건전지 전극 등에 사용됨)는 전도성을 가진 것처럼, 탄소 나노 튜브도 전기가 통하는 것들이 있습니다. 마는 방식에 따라서

◆ 기체 방전의 하나로, 기체 방전이 절정에 달하여 전극 재료의 일부가 증발해서 기체가 된 상태.

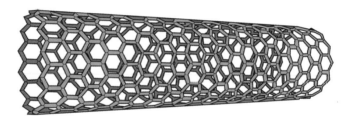

탄소 나노 튜브

전기 전도율이 달라지므로 금속보다 더 전기를 잘 통하게 하거나 반도체 같은 성질을 나타내게 하는 등 다양하게 활용할 수 있으며, 매우 다채롭고 흥미로운 성질을 가졌다는 사실이 밝혀졌습니다. 이지마의 연구 그룹은 앞이 막힌 형태의 탄소 나노 혼(뿔이라는 뜻의 Horn)도 발견했습니다.

　탄소 나노 튜브에는 다음과 같은 성질이 있습니다.(주식회사 메이죠 나노 카본 홈페이지에서 참고)

　· 초미세/ 경량 나노 사이즈/ 알루미늄 무게의 절반

　· 높은 기계적 강도 철강의 약 100배

　· 높은 전도성 구리의 약 1천 배, 은보다 높다.

　· 높은 열전도율 구리의 약 10배, 다이아몬드보다 높다.

　· 높은 녹는점 3천℃ 이상(무산소 상태에서)

　· 유연성 매우 유연해서 아무리 구부리고 늘려도 튼튼하다.

　· 화학 안정성 약품 반응에 안정적이다.

- 온도 안정성 온도 변화에 안정적이다.
- 높은 내식성 부식을 견디는 성질이 우수하다.
- 매끄러운 표면 표면이 매끄러워서 부품 간 마찰이 적으며, 접촉이나 가동 부분이 매우 원활하게 움직인다.

탄소 나노 튜브의 가능성

2015년, 이지마는 독일 뮌헨에 본부를 둔 유럽 연합 특허청에서 사회 발전과 경제 성장에 공헌한 발명가에게 수여하는 '유럽 발명가상' 비유럽인 부문을 수상했습니다. '우주 엘리베이터 건설과 나노 입자를 이용한 치료 실현 가능성 및 항공 우주 기술과 생물 의학에 대변혁을 가져올 가능성을 제공했다'라는 이유였습니다.

우주 엘리베이터란 지구를 도는 정지 위성(적도 상공의 약 3만 5,800km를 도는 인공위성)에서 지구 방향과 그 반대 방향으로 케이블을 늘어뜨린 다음, 지상에 도달한 케이블에 엘리베이터를 달아 사람이나 물자를 수송할 수 있게 하는 시설입니다. 여기에 탄소 나노 튜브 섬유로 만든 케이블을 사용하자는 이야기입니다. 탄소 나노 튜브가 발견된 뒤로 우주 엘리베이터는 단순한 꿈에서 실현 가능성이 있는 현실로 바뀌었습니다.

나노 입자를 이용한 치료에는 예를 들어 암 치료가 있습니다. 암

환자에게 탄소 나노 혼 원통 안에 항암제를 넣어 투여합니다. 그러면 암세포가 탄소 나노 혼을 삼키고, 먹힌 원통에서 암세포 안으로 직접 항암제가 방출돼 약물의 효과를 높일 수 있지요.

탄소 나노 튜브는 거대한 가능성을 지닌 소재로 풀러렌 이상의 주목을 모으고 있습니다.

네오디뮴 자석의 발견

1917년, 일본의 혼다 고타로本多光太郎가 기존 자석의 성능을 훨씬 뛰어넘는 케이에스 자석강(KS강)을 발명했습니다. 1931년에는 도쿄 제국 대학교(현재 도쿄 대학교) 공학부 야금학과의 조교수였던 미시마 도쿠시치三島德七가 케이에스 자석강을 능가하는 엠케이강(MK강)을 발명했습니다. 이것은 혼다가 개량 개발한 신케이에스강과 함께 훗날 알니코Al-Ni-Co 자석의 원류가 됩니다.

같은 시기, 도쿄 공업 대학교 전기 화학과 주임 교수인 가토 요고로加藤与五郎와 다케이 다케시武井武가 오늘날 페라이트 자석의 기반이 된 오피 자석(OP자석)을 발명했습니다. 오피 자석은 그 전까지의 자석이 몇 종류의 금속 합금으로 이루어졌던 것과는 달리 철 및 코발트 혼합 산화물을 재료로 했습니다. 금속 산화물도 강력한 자석이 된다는 것을 알리면서 오늘날 다량으로 생산되는 페라이트 자석의 길을 열었습니다.

그런데 시대는 '더욱 가볍고 얇고 짧고 작게'를 지향했습니다. 서양에서 더 강력한 성능의 사마륨 코발트 자석을 개발했습니다. 비록 가격은 비쌌지만, 초소형에서 필요한 자기장을 충분히 얻을 수 있는 것은 대단한 이점이었습니다. 이 자석 없이는 소형 전자 기기도 나올 수 없었습니다. 사마륨 코발트 자석은 소형 모터, 발전기, 손목시계, 음향 장치 등에 폭넓게 사용되었습니다.

1984년, 일본은 사마륨 코발트 자석을 뛰어넘는 고성능 자석을 발명했습니다. 바로 네오디뮴 자석입니다. 네오디뮴 자석은 현재까지 시판되는 자석 중에서 세계 최고의 성능을 자랑합니다. 성분에 철이 포함되어 녹이 잘 슬지만, 표면에 니켈 도금을 해 녹을 방지하는 등 개량을 계속하고 있습니다.

주기율표에는 희토류 원소Rare Earth라는 한 무리가 있습니다. 란타넘, 세륨, 사마륨 등 17가지 금속이 포함됩니다. 옛날에는 산출량이 적어서 이름에 '드물 희稀' 자가 붙었지만, 지각地殼에는 수은이나 은 따위보다 더 많이 존재하는 원소도 있습니다. 사마륨 코발트 자석도 희토류인 사마륨을 포함해서 희토류 자석이라고 부릅니다.

네오디뮴 자석도 희토류 자석으로, 네오디뮴, 철, 붕소 등 세 가지 원소로 이루어졌습니다. 지각에는 사마륨 코발트 자석의 사마륨보다 네오디뮴이 더 많이 있습니다. 철과 붕소도 지각에 코발트

보다 많이 있는 원소이며, 가격도 훨씬 저렴합니다. 또 네오디뮴 자석은 사마륨 코발트 자석과 비교하면 밀도가 작고, 기계적 강도는 약 두 배 더 큽니다. 밀도가 작으므로 장치 경량화에 도움이 되고, 기계적 강도가 크다는 말은 가공 및 조립 작업에서 자석을 다루기 쉽다는 뜻입니다.

네오디뮴 자석을 사용하면 모터, 발전기, 스피커 등을 더욱 소형화, 고성능화할 수 있습니다. 따라서 하드 디스크 및 DVD용 모터, 소형 스피커, 시계, 휴대 전화, 자동차, 하이브리드 자동차, 전기 자동차, 정밀 공작 기계, 각종 로봇, 자기 센서, 의료 기기 등 폭넓은 용도로 사용됩니다. 예를 들어 휴대 전화에 들어 있는 초소형 진동 모터에는 모두 네오디뮴 자석이 사용됩니다.

네오디뮴 자석은 1982년 5월에 당시 스미토모 특수 금속(현재 히타치 금속) 실험실에서 사가와 마사토佐川眞人가 발명했습니다.

사가와는 대학원을 졸업하고 후지쓰 연구소에서 사마륨 코발트 자석을 연구하던 중 '철을 사용한 자석'이라는 아이디어를 떠올렸습니다. 당시에는 코발트와 희토류 조합이 가장 강력한 자석으로 여겨졌기 때문에 자석에 철을 쓴다는 발상 자체가 없었습니다. 철은 원자 사이 거리가 너무 가깝기 때문에 쓰면 안 되는 재료로 여겨졌는데, 사마륨과 철에 원자 반경이 작은 붕소를 더하면 철의 원자 간 거리를 넓힐 수 있지 않을까 생각했지요.

거듭 자석을 연구하고, 희토류도 다양하게 시험해 본 그는 사마륨보다 네오디뮴이 더 좋다는 결과를 얻었습니다. 그러나 자석 연구는 회사의 인정을 받지 못했기 때문에, 사가와는 스미토모 특수 금속으로 이직해 철과 네오디뮴, 붕소를 사용한 네오디뮴 자석을 개발했습니다.

나중에 조사해 보니 실제로 철의 원자 사이 거리는 넓어지지 않았지만, 철과 붕소가 화학적 변화를 일으켜서 코발트와 같은 성질로 바뀌었다고 합니다.

그러나 네오디뮴 자석은 온도가 50℃ 이상이 되면 자력이 떨어지는 결점이 있었습니다. 하드 디스크나 의료용 MRI(핵자기 공명 장치)에서는 내열성이 크게 필요하지 않지만, 하이브리드 자동차의 모터에서는 200℃를 견딜 필요가 있습니다. 그래서 네오디뮴 일부를 또 다른 희토류인 디스프로슘으로 대체했더니 자석이 견딜 수 있는 온도가 훨씬 높아졌습니다.

하지만 디스프로슘은 자연계에 네오디뮴의 10분의 1밖에 존재하지 않고, 중국 남부에서만 채굴할 수 있습니다. 국가 분쟁이 일면 중국이 수출을 중지할 가능성이 있습니다. 실제로 2010년 센카쿠 열도 문제로 중국과 일본이 영토 분쟁을 벌였을 때, 디스프로슘의 일본 수출이 중지됐습니다.

현재 사가와는 자신이 창업한 회사에서 디스프로슘 없이도 높은 내열성을 가지는 네오디뮴 자석 개발에 몰두하고 있습니다.

리튬 이온 전지의 발명

전지에는 화학 전지와 물리 전지가 있습니다. 화학 전지는 화학 반응의 에너지를 전기 에너지로 바꾸는 장치입니다. 망가니즈 건전지, 알칼리 건전지, 납축전지, 리튬 이온 축전지 등이 있습니다.

물리 전지의 대표는 태양 전지입니다. 반도체를 사용해 태양광 에너지를 전기 에너지로 바꾸어 줍니다.

건전지처럼 한 번 사용하면 더는 쓸 수 없는 것을 일차 전지, 몇 번씩 충전하며 반복해서 사용할 수 있는 것을 이차 전지, 또는 충전지나 축전지라고 합니다. 원래는 납축전지(1859년 프랑스 전기학자 가스통 플랑테가 개발), 니켈카드뮴 전지(1899년 스웨덴 과학자 발데마르 융너가 발명) 등이 일반적인 이차 전지였습니다.

리튬 이온 전지는 일본에서 개발했습니다. 도시바 연구원 미즈시마 고이치水島公一가 리튬 이온 전지의 플러스극 재료를 개발하고, 이를 바탕으로 아사히카세이 연구원 요시노 아키라吉野彰가 전지의 원형을 만들었습니다.

요시노는 1980년대 초반에 리튬 이온 전지 연구를 시작했습니다. 1985년에 현재의 프로토타입(시작품)을 완성하기까지 온갖 소재를 뜯어보며 적합성과 성능을 따진 그는 여러 시행착오를 겪었습니다. 제품의 상용화를 위해 실험과 개량을 거듭하던 때는 마침 휴대 전화와 노트북 컴퓨터의 보급이 활발하던 시절이었습니다.

소형, 고성능, 우수한 휴대성을 갖춘 리튬 이온 전지는 시대의 흐름을 타고 전 세계로 보급되었습니다.

리튬 이온 전지가 고성능인 이유는 리튬이 양이온이 되려는 경향이 강한 물질이기 때문입니다. 즉 전자를 방출하기 매우 쉬운 물질입니다.

리튬 이온 전지 내부는 리튬 이온을 저장하는 음극과 리튬이 반응해서 전자를 주고받는 양극으로 분리되어 있습니다. 따라서 리튬 이온이 전해질 용액을 매개로 양극에서 음극 사이를 바쁘게 돌아다니면서 충전과 방전이 이루어집니다.

리튬은 물과 무척 잘 반응하기 때문에 전해액으로 수용액을 사

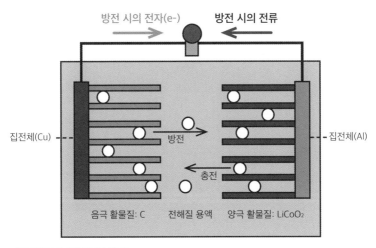

리튬 이온 전지의 원리 상상도

용할 수 없습니다. 그래서 위험할 수 있는 금속 리튬을 발생시키지 않도록 연구하고, 수용액이 아닌 에틸렌계 유기 용매를 사용합니다.

리튬 이온 전지는 과충전, 합선, 이상 방전, 이상 충전, 과도한 가열 등이 이루어지면 불타거나 폭발할 수 있습니다. 그래서 고도의 제어 기구를 함께 넣어 화재나 폭발을 방지합니다.

리튬 이온 진지는 카드뮴과 같은 유해 물질이 들어 있지 않고, 가볍고 휴대성이 좋은 동시에 고출력, 대용량이라는 특징이 있습니다. 그래서 휴대 전화, 스마트폰, 개인용 컴퓨터, 태블릿 PC 등 많은 전력을 소비하는 소형 단말기 대부분에 사용하며, 요즘에는 전기 자동차에도 탑재합니다.

저는 과학 교육 전문가입니다. 과학 교육을 토대로 시민을 대상으로 과학 강연도 하고 있습니다.

과학 교육과 연구에 뜻을 두게 된 계기가 있습니다. 속해 있던 물리 화학 강좌에서 촉매 화학 실험을 하며 지내던 20대 중반 대학원생 시절의 저는 화학 교육과 화학사에도 관심이 많았습니다.

어느 날, 화학 교육 동아리에서 뵈었던 화학사학자 고故 다나카 미노루田中實(당시 와코 대학교 교수) 선생님께서 "화학사 연구 모임을 할 예정이니 참석해라."라고 하셨지요. 그 연구 모임에서는 다나카 선생님 자택에 모여서 라부아지에의 《화학 원론》이 파리에서 출간된 직후에 바로 나온 영문 번역판을 읽는 활동을 했습니다. 참가자는 다나카 선생님과 당시 와코 대학교 조수인 우치다 마사오 그리고 저까지 셋이었습니다. 아르바이트와 대학원 강의 및 실험 사이에 틈틈이 준비해서 참가했는데, 옛날 영어를 번역하기가 어려워서 꽤 힘들었던 기억이 납니다. 몇 차례 모임에 참가하자 다나카 선생님께서 "자네는 화학사보다는 화학 교육을 하게."라고 말씀하셨습니다.

저는 중학교 정교사가 되어 실제 과학 교육과 연구에 집중했습니다. 그리고 당시 과학 교육 연구 모임에 참가했다가 다나카 선생님과 마주쳤는데, 취미로 과학사와 화학사 공부를 하던 때여서 잠시나마 과학과 화학의 역사에 관해 대화를 나눌 수 있어 어찌나 기뻤던지요. 덕분에 중고등학교 정교사, 대학교수가 되어서도 과학사와 화학사에 꾸준한 관심을 두며 살았습니다.

이 책을 쓰는 데 어린이부터 성인까지, 폭넓은 독자층을 대상으로 했던 다나카 선생님의 저서들이 큰 참고가 되었습니다. 우치다 마사오 씨가 공역한 《화학의 역사적 배경The Historical Background of Chemistry》 일본어판 또한 큰 참고가 되었습니다.

과학사 및 화학사 전문은 아니어도 과학과 화학 교육 전문가가 쓴 이 책이 조금이나마 독자 여러분께 재미있기를! 기대합니다.

사마키 다케오 지음, 김정환 옮김, 황영애 감수,《재밌어서 밤새 읽는 화학 이야기》, 더숲, 2013

사마키 다케오 지음, 오승민 옮김, 황영애 감수,《재밌어서 밤새 읽는 원소 이야기》, 더숲, 2017

사마키 다케오 지음, 서현주 옮김, 우은진 감수,《재밌어서 밤새 읽는 인류 진화 이야기》, 더숲, 2020

안드레아 아로마티코 지음, 성기완 옮김,《연금술》, 시공사, 1998

조엘 레비, 데이비드 브래들리 지음, 이종렬 옮김,《화학 캠프: 원자에서 주기율까지, 물질에 관한 모든 것》, 컬처룩, 2013

헨리 M. 리스터 지음, 이길상 외 옮김,《화학의 역사적 배경》, 학문사, 1994

Antoine-Laurent de Lavoisier,《Traité élémentaire de chimie》, 1789

Betty Jo Teeter Dobbs,《The janus faces of genius: The Role of Alchemy in Newton's Thought》, Cambridge University Press, 1991

山崎俊雄, 大沼正則, 菊池俊彦, 木本忠昭, 道家達将 共編,《科学技術史概論》, オーム社, 1978年

田中実,《原子論の誕生・追放・復活》, 新日本文庫, 1977年

田中実,《原子の発見》(ちくま少年図書館 43), 筑摩書房, 1979年

田中実,《科学の歩み―物質の探求》, ポプラ社, 1974年

三井澄雄,《化学をつくった人びと》, 国土社, 1983年

板倉聖宣編著《原子・分子の発明発見物語―デモクリトスから素粒子まで》, 国土社, 1983年

板倉聖宣,《科学者伝記小事典 科学の基礎をきずいた人びと》, 仮説社、2000年

道家達将, 大沼正則, 藤村淳, 菊池俊彦,《二十世紀科学の源流》, NHKブックス, 1968年

岩城正夫,《原始時代の火 復原しながら推理する》, 新生出版, 1977年

吉村正和,《図説 錬金術》, 河出書房新社, 2012年

河合信和,《ヒトの進化 七〇〇万年史》, ちくま新書, 2010年

左巻健男監修,《系統的に学ぶ 中学物理》(新訂版5刷), 文理, 2017年

세상 모든 화학 이야기

우리 생활을 바꾼 화학의 발전, 재밌는 화학사 읽어 보기

초판 1쇄 인쇄 · 2024. 3. 15.
초판 1쇄 발행 · 2024. 3. 25.

—

지은이　사마키 다케오
옮긴이　윤재
발행인　이상용 · 이성훈
발행처　청아출판사
출판등록　1979. 11. 13. 제9-84호
주소　경기도 파주시 회동길 363-15
대표전화　031-955-6031 팩스 031-955-6036
전자우편　chungabook@naver.com

—

ISBN 978-89-368-1234-8 (03400)

—